日本型リーダーは なぜ失敗するのか

半藤一利

文春新書

880

日本型リーダーはなぜ失敗するのか　**目次**

第四章　太平洋戦争にみるリーダーシップⅠ　……143

前口上

いま、リーダーシップという言葉がやかましいくらいによく聞かれますが、このところの政治状況をみていればそれもうなずけます。国会はゴタゴタするだけで、決めるべきことが決まらない。ときには「決まる政治をやった」などと傲語《ごうご》する場合もありますが、そのときは民意をまったく無視している。この国にリーダーに足る政治家はいないのか、と心配してしまうのも無理からぬことと思います。

いきおい強いリーダーシップを、ということになるのでしょうが、いま広く言われているリーダーシップとは何か、強いとか弱いとか、どういう内容をもったリーダーを求めているのか、そのあたりはかなりあいまいです。いや、ことばだけが先走りして、「この人には強いリーダーシップがある」「じゃあ、すべて任せてしまおう」、そんな気分、掛け声になっているのではないでしょうか。

二〇〇六年九月に小泉純一郎首相率いる内閣が総辞職して、安倍晋三が総理大臣になるのですが、ここから毎年総理大臣が替わります。その間、政権交代して自民党から民主党政権になったにもかかわらず、毎年替わる。小泉さんは五年と五カ月務めましたから、それとほぼ同じだけの年月で、六人もの総理大臣をわたしたちは目にしたということです。長ければいいというものでもありませんが、後世の人がみたらこの時代は異様でしょう。もっとも、昭和十年代にもこんなことがありました。どんどん強いリーダーが要望された。そして結果的に、戦争に突入しました。

マスコミは、いかにも面白おかしく3・11以後の政治状況を歴史にたとえて表現するのですが、やたらに維新という言葉が持ち出されます。また、政治家は明治維新が大好きで、何かというと幕末、明治維新の人物にわが身をなぞらえ、「オレは高杉だ」とか、「彼は坂本龍馬だ」とか言いたがります。わたくしに言わせれば、そのたとえはだいぶピント外れ。なぜならいまは、幕末・維新の時代状況とは根本的な違いがあるからです。

日本の歴史には、二つの大きな転換期がありました。一つは戦国時代、もう一つは明治維新です。それぞれ特徴をみていくと、現在を幕末・維新期になぞらえることの無理がよくわかると思います。戦国時代というのは、応仁の乱からはじまるといわれていますが、この戦国の争乱期には、百年以上続いていた足利将軍による室町幕府に一応の権威はあったのです。ところが、その権力統治の体系が崩れたことで、その上に乗っていたものがすべて崩れ去って、治安・秩序が完全に失われました。いったん秩序体系が壊れてしまったことで、従うか従わせるかという、ほんとうの力くらべでないと決着がつかないことになった。これが戦国時代という転換期の特徴です。

それまでは血筋、血統による身分で秩序がピシッと決められていたのだけど、そういう身分の固定化というのが強くなくなった、あるいは崩れ去ったというのもまた、この時代にみられる特徴です。

そういう状況を背景にして、独自の世界観をもってリーダーシップを発揮したのが、戦国の武将たちでした。織田信長にしろ、武田信玄にしろ、彼らはこのごちゃごちゃの世界の中で天下統一を目指して立ちあがり、自分の才覚を発揮して家臣たちを引っ張り、版図を広げていったのです。

それにくらべて幕末の徳川幕府は、権力機構がしっかり根づいていました。決してグズグズ崩れてはいません。徳川幕府は最後の最後のところまで、権威も権力もあった。各藩だってそれぞれに秩序が保てていた。戦国時代は力と野心があれば、とにかくがむしゃらにやりさえすればよかった。けれど、完成してしまっている幕藩体制下では、改革を唱えることはたいへん大きな軋轢を生む。ついには自分の殿さまを倒さないと改革はできなくなってしまった。

改革派は、守旧派と揉み合っているうちに、幕藩体制のうしろ側に、天皇というたいへんな権威が存在していることを発見します。権力はないけれども、いやむしろ権力を振り回さなかったからよけいに、純粋に大いなる権威を保持できていた天皇という存在に気づいた。当時は「御門《みかど》」とか、「すめらみこと」とか呼んでいたわけですが、その天皇を担いで一か八かの命がけの仕事をすれば、権力をほしいままにしている幕藩体制をひっくり返すことができると、彼らは考えた。それに、外国の武力というかつて想像したこともない力が外から加わってきていた。

西郷隆盛、大久保利通、高杉晋作ら、明治維新でリーダーシップを発揮した人も、戦国武将たちもひとしく命がけではあったでしょう。けれど、戦国武将が何もないところを突っ走った感じであるのにくらべて、明治維新はぶ厚いコンクリートの壁にぶつかるようにして、旧体制をぶち壊そうとしたのです。つまり、外圧を前にしても国家秩序は決して崩壊していなかった。それで変革しようというわけです。

では現在はどうか。状況は、ずばり戦国時代だと思います。日本はいま、まさにグズグズの体制になっている。そして、皇室は政治的権威をもたないことが憲法ではっきり決まっていますから、いまの政治体制を支える権威はどこにもありません。まさに現代は、下剋上の時代。天下をとろうと思えば、誰もがとれるという状況になっているのです。しかもネットでつながってそれが社会を変えるきっかけとなっている、そんな軽い時代でもある。維新のときと、状況はずいぶん違います。第一に、天誅をうけなくてすむ。

ですから、いまリーダーシップがやたらに論ぜられている、要求されているのです。この先の見えない、浮遊している国家を何とかキチッとしたものにしてほしい。そうした人材よ出でよ、いまこそ、というわけです。でも、そんなに簡単に織田信長や徳川家康が出てくるはずはありません。いまの日本にこれというリーダーがいないのは、日本人そのものが劣化しているからだと思います。国民のレベルにふさわしいリーダーしか持てない、というのが歴史の原則であるからです。

といって、リーダーなんかいらないとあきらめてしまうわけにはいきません。そこで、歴史に学んで、とくに日本の近代史そして太平洋戦争の教訓に学んで、そもそも日本にリーダーシップなるものがあったかを考えてみよう、というわけなんですが、はたしてそれができますかどうか。いくらか躊躇を覚えながら、はじめてみることにします。

第一章
「リーダーシップ」の成立したとき

リーダーシップという言葉は、元々は軍事用語です。戦前、我われ国民は、軍事にはいっさい関知すべからず、ということになっていました。軍事予算については国会で審議しますが、軍の方針とか軍隊内部のリーダーシップなどということについて、部外者が議論することなどあり得ません。軍事学などという講座があった大学はなかった。帝国大学ですらなかった。

ところが戦後になって、やたらに「リーダーシップ、リーダーシップ」と言うようになった。この場合のリーダーシップは、ビジネスの世界のことをもっぱら言っているわけですが、軍事学の用語や考え方をビジネスの分野にあてはめることが、アメリカではしばしばおこなわれていましたから、それが日本に持ち込まれて、日本人もありがたく拝聴したというわけです。「ビジネス戦略」などという言い方がありますが、これなど「戦略」「戦術」という純粋に軍事用語としてつくられた言葉がそのままつかわれています。

戦後になるまで一般には無縁だったリーダーシップ論ですが、日本の軍隊が何も研究してこなかったのかというと、そんなことはない。陸軍では明治以来、参謀本部が軍事学の研究を行っていました。いわずもがなかとは思いますが、参謀本部というのは、作戦を考えその命令を出す、陸軍のいわゆる軍令機関の総本山。海軍は軍令部です。

明治の参謀本部の中に「戦史課」という部署が置かれました。まずは関ヶ原の合戦とか、長篠の合戦といった、戦国時代の戦史を調査・分析・研究対象としました。それぞれの合戦の戦略・戦術はどんなものであったかとか、築城技術、兵器・装備の詳細、また軍政についても当時の史料から研究しています。時代を経るごとに研究対象は、さらに日清戦争、日露戦争、日支事変にまでおよび、その中から「指導者はいかにあるべきか」ということを引き出そうとしていました。その集大成の一部が、やさしく書き直されて「旧参謀本部編集」の『日本の戦史』シリーズ（徳間文庫）としていまでも刊行されています。

戦国武将のお手本

では、そのおおもとの戦国武将は、何をもって範としていたか。中国地方の有力武将である毛利元就、九州の島津義弘など、朝鮮半島に近い領地をもつ武将らはさかんに文献を輸入して勉強していたようですが、これは特別。東国の武将たちはそうもいかず、みなひとしく、数少ない主要文献を学んでいました。

武田信玄、上杉謙信、そして織田信長らが読んだ主要文献とは、中国の兵法書。『孫子』、『呉子』、『六韜《りくとう》・三略』といった、いわゆる武経七書です。中でももっとも読まれたのが、「彼を知り己を知らば、百戦殆《あや》うからず」という有名なフレーズで知られる「孫子の兵法」。そして『六韜・三略』でした。

わたくしは武田信玄と上杉謙信の川中島合戦を書いたときにくわしく調べたのですが、信玄がこれらをじつによく学んでいたことに驚きました。少年時代に臨済宗の禅僧岐秀《ぎしゅう》の指導で兵法書を勉強しています。とくに『孫子』十三篇は暗記するくらいでした（『徹底分析　川中島合戦』ＰＨＰ文庫）。

その兵法書が、いったいどんな内容であったのかみてみます。

まず「孫子の兵法」。将の将たる人間は、「智」、「信」、「仁」、「勇」、「厳」をしっかりと持てと言っています。

「智」とは敵に優る智慧であり、敵に手を読まれずに、しかも敵の手の内を読み取る力。「信」とは、心正しく偽りがなく、部下の信頼を集めること。「仁」とは思いやり、労《いたわ》り。これは人間としてのいちばん大事な、人を慈しむ心。「勇」とは、ことに臨んでよく忍耐し、危険を恐れず為すべきことを行う力。「厳」とは、けじめをはっきりする厳しさのことです。

江戸時代のもっとも有名な兵法家山鹿素行《やまがそこう》は、「智信仁勇厳」のうち一つでも欠けるときは、武将の実にあらざるなり、つまり武将の資格がないと言いきりました。「智信仁勇厳」を備えている者こそが、リーダーとしての有資格者である、と。きわめて抽象的な話ではありますが、戦国武将はみなこれを読んで心得とし、自分の修練の目標としたわけです。

将には五材十過あり

つぎに『六韜』。「韜」とは弓とか剣を入れる袋のことです。この書は、「文韜」、「武韜」、「龍韜」、「虎韜」、「豹韜」、「犬韜」という六つの巻に分かれているのでこの名がついた。よくできた参考書をさして「虎の巻」などといいますが、この『六韜』の「虎韜」の巻から派生したことばです。

『六韜』は古代中国の周の国を建てた武王が、軍師、ご存じ太公望呂尚《りよしよう》に質問をして答えを得るという問答形式で書かれた紀元前戦国末期の兵法書です。

たとえば将、つまりリーダーはどういう人間であって、どういうところが大事かという問いに、太公望は答えて曰く「将には五材十過《じっか》あり」と。これは第三巻の「龍韜」の「論将第十九」という節にあるくだりです。

五材というのは五つの資格、条件といってもいい。それから十過というのは、気をつけなければならないこと。これを十、並べています。

「五材」とは、「勇・智・仁・信・忠」だといいます。『六韜』にはこう書いてある。

勇なればすなわち犯すべからず
智なればすなわち乱すべからず
仁なればすなわち人を愛す
信なればすなわち欺かず
忠なればすなわち二心なし

つまり「勇」があれば誰もが一目を置く。「智」があれば誰にも乱されることがない。「仁」があれば皆が心服する。「信」があれば誰もがそれに応えて全力を尽くす。「忠」は、後世でいう君に忠義、親に孝行の忠ではなく、忠実なところがあれば、部下の方も裏切らないという意味です。これが五材です。『孫子』とは最後の「忠」が異なっているだけ。『孫子』は「厳」でしたね。要するに『六韜』も『孫子』も、じつは同じようなことを言っている。

「十過」はやってはいけないこと、将が気をつけなくてはならないことを述べています。これがけっこう細かい。わかりやすくするために少々意訳します。

一、勇敢すぎて死を軽んずることなかれ。勇あれば誰も一目置くといって勇をたたえるけれども、いくら勇をみせるといっても、勇敢すぎて、無謀な振る舞いをすれば、死を軽んじることになる。それはいけない。

二、性急に、前後をわきまえず速断してはならない。

三、強欲で自分の利益のみを考え、部下のものまでとりあげてはならない。

四、思いやりの心強く、決断ができなくてはいけない。

五、智略戦略を心得ているが、いざというときに臆して実行できないのはダメ。

六、軽々しく誰でも信用してしまうことはいけない。

七、潔癖ではあるけれども、包容力がなくて人を許すことができず、侮辱されるとすぐ怒りだす者もダメ。

八、智慧はあるが頼りがいも責任感も感じられない者もやっぱりダメ。

九、自信過剰でなんでも自分でやらないと気がすまないのはこれもダメ。

十、それとは逆に、なんでも人に任せてしまうこともまたダメ。

と、まあ、こういうことを戦国武将は学んだ。タイムマシンがあるなら、これをどう武将たちは解釈したのか聞いてみたいものですが、織田信長はたぶん、その理解のしかたがほかの武将とはちがったのではないか、文字どおりには受けとらずに独自の解釈をしたのではないか、とわたくしは想像します。信長は我が道を征《ゆ》くの人でしたから。ともあれ、これを総大将のみならず配下の武将たちも読んだのです。

『孫子』からクラウゼヴィッツへ

明治にはじまった日本の軍事教育では、これら中国の古典がエリートを養成する陸軍幼年学校・士官学校、海軍は海軍兵学校などで教材として用いられることになりました。遅れて創設される陸軍大学校や海軍大学校でも中国の兵法書を研究しますが、当然、より高度な理解が求められます。軍隊の編制や装備については全面的に西欧化の方向に突き進んだ明治新政府ですが、そのいっぽうで、作戦とか精神論においては戦国武将の事績や漢籍をないがしろにすることなく、あやかろうとしたのです。

しかしここに新たな教材が登場することになります。

兵法や将たるべき者のあるべき姿などについてもまた、西欧の軍隊から学ぶべきものがあるのではないか、という気運の高まりの中で、クローズアップされたのがクラウゼヴィッツでした。

クラウゼヴィッツは、プロイセン王国の軍人であり軍事学者、ナポレオン・ボナパルトの時代の人です。名著『戦争論』の作者として現在までその名を残しています。

日露戦争の直前、日本陸軍では組織的にこの『戦争論』をしっかり読んで研究し、これを利用したと思われる節があります。リアルタイムで日露戦争を報道していたロンドン・タイムズは、「日本軍はクラウゼヴィッツの『戦争論』の学説どおり戦争を実演していたが、帝政ロシアの軍人たちはこれをいっさい無視していた」と書きました。要するにクラウゼヴィッツの『戦争論』を読むことによって、日本の軍人たちは近代的な軍隊を組織し、勝つための戦争理論を学んでいたと報じたのです。

それではいったいなぜ、クラウゼヴィッツの『戦争論』がクローズアップされることになったのか。

明治の陸軍は、当初フランス式の軍隊をめざしましたが、これはナポレオン以来の最強陸軍という定説を踏まえてのものでした。しかし当時の新興国であるプロイセン王国がフランス帝国と戦った普仏戦争で、世界のおおかたの予想に反して勝利した。一八七一年のことです。

明治新政府はこの戦争の視察に観戦武官を派遣しています。明治三年（一八七〇）八月から翌年三月まで、派遣された重鎮は、日本の陸軍の創設者のひとりである大山巌でした。この時期には、日清戦争に従軍してのち、陸軍大臣から日露戦争時の首相になった桂太郎もドイツに留学していました。

プロイセン軍はフランス政府軍を打ち負かすと、パリを包囲。徹底抗戦を叫ぶパリの人民革命政府、パリ・コミューンつぶしにまで手を染めました。勝利のあとはヴェルサイユ宮殿で、なんと統一ドイツ帝国の初代皇帝ヴィルヘルム一世の戴冠式を挙行するという、フランス人にとっては実に憎らしいことまで、堂々とやってしまいます。プロイセン王国のあざやかな勝利、さらに統一されたドイツ帝国の躍進をつぶさに見た大山巌たちは、日本陸軍をフランス式からドイツ式へと転換する確信を得ることになります。

ドイツが勝ったのには理由がある、それは装備、武器の問題だけではなく、戦略・戦術、作戦、兵站、用兵など、戦争全般にわたる理論と実戦法について考え抜かれていたからだと、大山たちは考えた。ドイツ陸軍の軍事政策、軍事思想を取り入れることを決意したと考えられます。

世界の軍事専門家たちは、普仏戦争のあと、こぞってプロイセンの軍事思想家クラウゼヴィッツを研究しました。敗戦国であるフランスがとくに熱心だったのではないでしょうか。そりゃあ、勝つつもりの戦争でしたから、負けた原因を一生懸命に研究して、『戦争論』の講義がさかんに行われました。日本陸軍に最初にクラウゼヴィッツの『戦争論』を紹介したのはフランス軍事顧問でした。陸軍は最初、フランス語版から翻訳しようとするのですが、重訳でもあり、難航のあげく一部分を残してどうにか訳されました。

『戦争論』の研究を急ぐ理由

しかし東アジアの動乱は待ったなしで新興国日本を巻きこんでいきます。明治二十七年(一八九四)七月、朝鮮国内の甲午農民戦争をきっかけに日清両国が宣戦布告。日本は近代軍の態をなしていなかった清国に勝利するのですが、これがロシアとの対決を誘発しました。大連や旅順という中国の海の玄関口にあたる遼東半島は、日清戦争の講和条約で日本に永久割譲すると決まりましたが、ロシア・フランス・ドイツがそれぞれ、遼東半島割譲に反対し清国に返還するよう日本に勧告します。これが「三国干渉」です。とくにロシアはバルチック艦隊を極東に派遣する構えを見せて牽制しました。英米は局外中立を表明しましたので、ヨーロッパの強国三国を相手に独力で対抗できるわけはなく、日本はこの時点で「干渉」を飲みます。

国内世論は、三国に対する敵愾心をつのらせ、ガゼン盛り上がりますが、政府は「臥薪嘗胆」をスローガンに「ここは我慢してくれ」とばかり、強硬派をおさえました。

日清戦争後の日本は、さらに軍事的緊張を増した東アジアでの優位を得るために国家予算の四割強を軍事予算に振り向けます。それは、ロシアと対峙せざるを得なくなっていた情勢下、急いで軍備を増強するためでした。国民に忍耐を強要すること実に十年、この間に日英同盟を締結してイギリスから最新鋭の戦艦を購入し、兵力の増強、軍備の拡充に思い切り金を使いました。普通、戦争中でも国家予算の三割というのがせいぜいですが、四割を超えてそれを続けた。国民はこれにほんとうによく耐えたと思います。

その後のロシアは大連・旅順を清国から借り受け（租借）、さらに南満州鉄道の敷設権も得て、シベリアから黄海へのルートを開きました。旅順の高地には堅牢で頑丈な要塞を建設。日本は、ますますロシアに対して警戒を強めます。

ロシアとの一戦避けがたしという空気がしだいに圧搾されていくなか、陸軍では、ロシア軍との戦争を想定して戦略・戦術の構築を急ぐ必要に迫られていました。近代戦争とはどう戦われるものかを知らなければなりません。棚上げになっていたクラウゼヴィッツの『戦争論』の研究が、急を要する懸案として浮上してきたのです。

鷗外の小倉行き

この帝国陸軍念願の『戦争論』邦訳という、国家的課題に取り組むことになったのが森鷗外でした。

明治三十二年（一八九九）六月、鷗外は小倉連隊への異動を命じられます。九州・小倉連隊はこのときできたばかり。小倉に連隊本部をつくったこと自体が、ロシアとの戦争を想定した陸軍の政策でしょうが、その第十二師団軍医部長として小倉に赴任させた。同時に陸軍軍医監の辞令をもらっており、これは少将格への昇進でしたから、左遷とまではいえないのですが、本人も周囲もそう受けとりました。「森林太郎を小倉に？」という受け止め方がおおかたでした。いまも鷗外の小倉赴任は左遷とみるのが定説になっています。

しかしこれをわたくしは、鷗外に『戦争論』を翻訳させるための人事ではなかったかと考えています。小倉に異動させ、中央から離れることで比較的時間の余裕がある静かな彼の地で『戦争論』を完訳させる、という企図だったのではないか。

このアイデアを強力に推したのではないかと思われる人物がいます。田村怡《い》与《よ》造《ぞう》陸軍大佐です。

森鷗外は、明治十七年から二十一年までのドイツ留学時代にクラウゼヴィッツを読んでいます。鷗外の『独逸日記』に出てきますけれども、同じくドイツに留学中だった大尉時代の田村怡与造に、これを講義していたのです。田村は目からうろこが落ちる想いを味わったのではないかと思います。その結果として、鷗外をして『戦争論』を本格的に翻訳させよう、と考えたのが田村ではないか。軍医の人事は陸軍省医務局長の専権事項です。参謀本部第一部長という要職についていたとはいえ、田村に鷗外を小倉に赴任させる権限はありません。しかし、川上操六参謀総長をつうじて運動した可能性がないとはいえない。あくまで推測の域を出ませんが。

ドイツでの講義

鷗外は生涯日記をつけつづけましたが、ドイツ留学時代も当然のように日記を欠かしませんでした。それが『独逸日記』です。明治二十一年（一八八八）一月十八日の項に、

「夜早川至る」とあって、毎週二回、早川にクラウゼヴィッツの『戦争論』を講義してやることになったと書いています。田村大尉は、当時妻の姓の「早川」を名乗っていましたので、この「早川」は田村大尉のことです。『戦争論』が深遠な内容の書物で、ドイツに留学している日本の将校たちがよく理解できないでいる、とも鷗外が書いているのは、田村からの伝聞を思わせます。そのために、抜群にドイツ語ができる鷗外に講義を頼みこんだのでしょう。

鷗外は江戸に出てきてすぐの十歳のころからドイツ語を勉強していました。歳を二年ごまかして十二歳で東京医学校（現・東京大学医学部）予科に入学し、ドイツ人の教授からドイツ語で授業を受けています。明治天皇の侍医もつとめたベルツ博士からもドイツ語で講義を受けていた。ドイツ留学前にしてすでに「ドイツ人よりもドイツ語ができた」と評されるまでのドイツ語使いになっていたことは案外知られていません。

鷗外も留学中の身ですから自分の勉強もあるなかで、毎週二回というのは密度が濃い。田村大尉が相当な熱意で鷗外に頼んだことがうかがわれます。

要するに参謀本部で、このときもっともよく『戦争論』を理解していたのがこの人、田村怡与造だったのです。

田村怡与造は、嘉永七年（一八五四）生まれ。一八六二年生まれの鷗外より八歳年上です。田村大尉に対して、鷗外は一等軍医で階級としては大尉相当でしょうから、歳は離れていても同等の階級です。三十四歳と二十六歳の歳の差を越えて、異国の地で学ぶ者同士の友情を感じますね。

『戦争論』講義の約束以前から両者は交流があって、鷗外が、病気にかかった田村を見舞ったという記述も『独逸日記』に出てきます。

クラウゼヴィッツの『戦争論』は、巻一から巻八まであるのですが、鷗外が翻訳したのは、巻一と二だけです。いちばん大事なところです。『戦争論』の全訳版は『大戦学理』と題され出版されました。明治三十六年（一九〇三）十月二十九日と日付のある「訳本の来歴」としたはしがきに鷗外自身が、「巻三以下がフランス語訳本の重訳ですでに和訳されていることを聞いたので、自分の翻訳はやめた」と書いています。また、巻一のほとんどは、ドイツにいるとき当時の田村大尉に講義しているとも記しました。鷗外にとって専門ではない軍事用語をそのつど抜き書きし、あとで訳語を調べて翻訳文を書くという作業はなかなか根気を要する作業であったことと想像します。

『戦争論』邦訳プロジェクトの陰のプロデューサーであったかもしれない田村怡与造は、

この翻訳本が刊行される直前の明治三十六年十月一日、四十八歳の若さで亡くなりました。彼も急死した川上操六と同様、過労がたたったようです。明治の軍務官僚は命がけで仕事をしていたのでしょう。

現在、『鷗外全集 第三十四巻』(岩波書店)で鷗外の翻訳した『大戦学理』(鷗外の草稿では ドイツ語訳の『戦論』)として読むことができます。田村怡与造がついに読むことかなわなかったその文章は、漢文調のまことに格調高い文章であります。

『戦争論』が説くリーダー論

さて、余談がやたらに長くなりましたが、いよいよ『戦争論』の中身ということになります。まず一読して驚かされるのは、現代でも通用する総合的な視点で戦争というものを論じている点です。また戦争における指導理論としても優れた論考といえる。戦争とは何か、またリーダーシップとは何かを本格的に論じたのは、近代初頭においては、クラウゼヴィッツただひとりだと思います。

岩波文庫版の翻訳者の篠田英雄氏が巻末のあとがきで、『戦争論』について次のように書いています。

「戦争の経過や勝敗の決定が、戦争の担い手であるところの政治家、将帥、上級および下級指揮官、一般の兵ならびに国民に与えるさまざまな精神的影響に戦争心理学的、或は極めて特殊な人間学的分析を施している」

その根底において、そもそも人間とは何か、という人間そのものにたいする鋭い洞察、さらに戦いをめぐる人間的ないろいろな問題についての冷徹な分析もこの本には秘められている、と説いておられる。この本は戦争論と銘うってはいるが、ほんとうは人間の書ともいうべきなのである、ということなのです。

では具体的にどのようなことを言っているかといいますと、クラウゼヴィッツは戦争には四つの要素があるという。

戦争とは「曰く危険、曰く形体上の労苦、曰く不確実、曰く偶然」がそれ。この四つがいろいろと組み合わさってあらわれてきて、戦いというものを複雑にすると。

「危険」というのは、殺し合いをするわけですから危険そのものですね。「形体上の労苦」とは、ちょっと分かりにくいですが、肉体的、物理的に苦しいだけでなく、精神的にも苦しさがともなうということ。「不確実」とは、こうやれば必ず勝てるというものはないし、これは駄目だというものもない、つまりすべてが不確実なのだと。「偶然」とは、勝敗、そのほかの結果は偶然に支配されているということです。

それゆえに、この四つの要素をなんとか凌駕して勝利を確実に握ることのできる人物、それこそが「軍事的天才」であるといい、それはどんな人物、どんな能力を備えた人材なのかを、ドイツ人らしくきわめて緻密、詳細に論じているのです。つづめて言うとこうなります。

「どんなにすぐれた知力や人一倍豊かな情感をそなえていても、それが戦争に不向きなものならばただちに失格である」

さらにいわく、なにか一つの力が際立っていても、それはそれで構わないけれども、それが他の力のはたらきを妨げるものであってはならない、と。これをひと言でいうと、「軍事的天才は心的諸力の調和ある合一にほかならない」（篠田訳）ということになるらしい。すべてを備えている人間である、と。

鷗外訳だと、

「軍事上天才は諸力の婉諧せる合同にして其間某力の他に超ゆる者なきに非ずと雖《いえ》ども復《ま》た一力の相碍《さまた》くる者なきを謂《い》ふ」となります。

この「心的諸力」なるものをクラウゼヴィッツはさらに細かく分析しておりまして、これこそが「リーダーはかくあるべし」というリーダー論につながっていくわけです。

七つの要素

第一に「勇気」。これには「個人の危険に対する勇気」と「責任に対する勇気」の二つがある。単に自分の危険に対する勇気を持っただけでは将じゃない。暴虎馮河《ぼうこひょうが》の勇気なんてとんでもないものだと。十死零生の特攻隊の作戦などとんでもないということになります。それはつまり責任を放棄したような勇気となるからです。

次は「智力なかる可《べ》からず」。きちんと事態を理解し判断できる知力が必要である。これがなければ問題にならないといっています。学校秀才でなくてもいいが、劣等生では困ります。

三番目が、「微弱なる光明に頼りて進ましむる」力。すなわち「果断」ができること。正しく決断すること。お先真っ暗なのに、部下を突っ込ませるのは果断とはいえない。

四番目、「不期の事に処する力の亢上せる」こと。予定していないことに対処する力が充実していること、つまり沈着。平常心を常に保たなければならないということですね。

五番目は、責任に押し潰されることのない「堅忍不抜」の精神がなければならない。

個々の衝突に一喜一憂しない意志の堅固さがなければいけないということでしょう。また、長時間の労苦にへばらずへこたれない、忍耐力の強さがなければならないとも言っている。

さらに六番目、「強く感奮せるに拘らず激情の風波の起りたるに拘らず、猶《なお》能《よ》く智に随ひて動作する」ことができる「感情の強さ」が求められる。

そして七番目、その信念を十分に持続することのできる性格の強さが肝要なりと。

わかりやすく整理します。

「勇気」 危険にたじろがぬ勇気。責任に対する勇気
「理性」 判断力と決断力
「沈着」 適切な処置を適時行える精神状態
「意志」 損失、疲労、苦痛に耐え、それらをはね返して情熱と希望を燃え上がらせる精神力
「忍耐力」 緊張と苦難に耐え得る体力と精神力
「感情」 平衡感覚のある感情。粘り強く巌《いわお》も動かす
「強い性格」 ぐらぐらしない。ただし、頑固ではない

これがリーダーたる者の資質であるというふうにクラウゼヴィッツは書いているわけで

す。そして、これらの心的諸力がうまく調和してすべてそなわっている人物が「軍事的天才」であるとクラウゼヴィッツは考えた。とくに注意したいのは、中の一つ二つの能力を特別に持っている人物は見出せるけれども、そうであってもその人物が、これらの一つでも欠けたところがあった場合はリーダーにふさわしくないと、説いているところです。結局のところ、軍事上の天才というのは、いろいろな能力が満遍なくうまく備わっている人ということになります。まことのリーダーたるのは簡単ではないのです。そう滅多にはいないわけです。

森鷗外だろうが、田村怡与造だろうが、これを読んだからといってそれら「心的諸力」が備わるわけではないのですが、ただ、知ると知らないでは全然違います。たとえばある状況で、「かまわず突っ込め」と言ってはいけないのではないかと、思い直すことができるかどうか。そういう意味でも、田村、鷗外がこの翻訳を一生懸命やったということをわたくしは評価したい。

『護持院原の敵討』とクラウゼヴィッツ

話はちょっと横道にそれます。森鷗外がクラウゼヴィッツのリーダー像、「軍事的天才」

という人物像にインスパイアされて書いたと思える小説があります。大正二年（一九一三）発表の『護持院原《ごじいんがはら》の敵討《あだうち》』です。

この小説は、弘化三年といいますから一八四六年、明治維新の二十二年前、神田護持院原で実際にあった仇討ちに材を得て書かれたものです。護持院というのは、将軍綱吉の時代に開かれた寺で、いまの神田錦町あたりに広がる大伽藍でした。それが享保二年（一七一七）に火事で焼けたため護国寺に合併され、空き地はいわゆる火除地にされていた。だだっ広い野っ原となっていたそうですから、仇討ちにはお誂えむきの舞台といえるような場所となっていたのです。

さて、この作品そのものの設定がいかにもクラウゼヴィッツ的な考えにのっとっている。「戦争には四つの要素がある」と説いた「危険、肉体的困苦、不確実および偶然」。これが『護持院原の敵討』の登場人物たちがおかれた状況にそっくりあてはまります。

仇を探すといっても、顔も定かでない不確実な仇を求めて、しかも広い範囲を歩いて巡りあうことは、偶然を期待するようなものでしかない。行く先々で危険に耐えつつ諸国をめぐる。途中で脱落する者もいる。精神的肉体的困苦を乗り越えて、ついに本懐を遂げる。これは、まったくクラウゼヴィッツのいう「軍事的天才」の為せる業と言えましょう。なかでも物語のヒーロー山本九郎右衛門の造型に、いちばん顕著な名残をとどめています。

まず九郎右衛門は、筋骨逞しい人物として描かれています。口数が少なくて、病気にかかったとき、うわ言に「こら待て」だとか「逃がすものか」だのと叫ぶ。表面には出さないが、仇を討つという目的への堅忍の意志を持ち続けているわけです。宇平という、ともに仇討ちをおこなう甥と使用人との三人で捜索の旅をつづけるのですが、いっこうに仇とめぐりあえない。江戸から遠くはなれた大坂の地で探すうちに疲れ果てたその甥が、ある日、仇討ちをやめると言い出した。

九郎右衛門はみるみる蒼ざめた顔に血がのぼって、拳が固く握られたが、話を聞くうちに怒りはたちまちとけて、いつもの優しいおじさんになっていた、と。これこそ、クラウゼヴィッツの、「興奮してもなお心の均衡を失わない」という強さを持っている男の描写であるとわたくしは見たい。

仇探しという不確実であることに対しても、彼は信憑するところの充分に持続することができる人物であり、意志の堅固な、機嫌に浮沈のない人物。まさにクラウゼヴィッツのいうリーダーにふさわしい人物として描かれました。

仇討ちの中心人物であるべき宇平が逃げ出してしまった時、おりしも仇が江戸にいるらしいとの報せがはいる。そしてこのとき九郎右衛門は、「是非なく甥の事を思ひ棄てて、江戸へ立つ支度をした」ほどの、見事な「果断」を示したのでありました。

これこそクラウゼヴィッツが理想とする「心的諸力の調和ある合一」のなった人物造型であることよ、と勝手なる持論にわたくしはひとり合点しているのです。

急所を読み誤った帝国陸海軍部

こうして、森鷗外と田村怡与造の奮闘努力によってせっかく邦訳された『戦争論』でしたが、わが帝国陸海軍は残念ながら、そこに示された重要な命題のとくに大事なところを読み誤ってしまったというお話をしなくてはなりません。

クラウゼヴィッツは、「戦争は防御からはじまる」と言っていました。わたくしたちは戦争は攻撃からはじまると思い込んでいます。クラウゼヴィッツの主張とは、まるであべこべ。篠田訳をちょっと引用しますと、

「攻撃は闘争よりはむしろ敵国の領土の略取を絶対的目的とするからである。それだから戦争の概念は、防御と共に発生するのである、防御は闘争を直接の目的とするからである。この場合に防御、即ち敵の攻撃を拒止することと闘争とは明らかに同一物である」

いわれてみればそのとおりなのです。いくら攻撃側が暴れまわっても、相手の抵抗がないことには戦争状態をつくりだすことはできない。たしかに戦争になるかならないか、最後の決め手を握っているのは、攻撃側よりも、攻撃を受ける側なのかもしれません。

奇妙な議論にもみえますが、太平洋戦争を思い返すとその正しさをわたくしは、やはり実感せざるを得ないのです。

ABCD包囲陣だの石油の全面禁輸だのと、アメリカの戦争政策による〝攻撃〟なんかどこ吹く風とばかり、柔軟な外交交渉をえんえんと続けていたら、そしてまた、ありえないと思う人が多いかもしれませんが、ハル・ノートをあっさり受諾していたら、その交渉をぐだぐだと続けているうちに、電撃作戦であれほどまでに好調だったナチス・ドイツが一転、ロシア戦線で敗色あらわになります。世界情勢が一変し、とるべき日本の政策は大きく変更されて戦争にはならなかったかもしれないのです。

島国を守るという視点

クラウゼヴィッツを読んでいてハッとさせられたのは、近代日本の戦略思想にはもともと「防御の思想」というものがなかったということです。たとえば、太平洋戦争中の航空機や軍艦の防備をみればそれが明白です。

零式戦闘機はご存知のように、乗員席の後ろに鉄の防御板を置かなかった。攻撃の運動性能をあげるために機体を軽くすることを、搭乗員の命を守ることより優先させた。戦艦「大和」は当時の世界一の戦艦で、大きさと攻撃力が世界一でしたが、対空防御についてはほとんど想定していません。

「攻撃は最大の防御なり」とは帝国陸海軍ともに信奉する考え方でした。満州事変から太平洋戦争にいたる政戦略の外へ外へのエスカレーションは、まさしくこの攻勢防御思想によるものでした。

日本は細長い島国で、真ん中に山脈が背骨のように通っていて平野が非常に狭い。周囲が海なのでどこからでも入ってこられる。日本本土をくまなく守りぬくことなんて不可能で、地政学からいえば大きな欠点を持っています。

国防上、北からの脅威に備えるために朝鮮半島をとる。その朝鮮半島を守るためには満洲をとる。満洲を守るためには内蒙古を、つぎには北支那をとる……とにかく外へ外へ、となっていきました。南方も同様です。本土防衛のためにマリアナ諸島をとる。さらにマーシャル諸島をとって不沈空母の基地にして、防御体制をしく。その防御体制は攻撃体制でもあった。そしてラバウルからニューギニアへ、さらにオーストラリアまで……攻勢の限界点をまったく無視しました。思い返すにつけ、なんとばかなことを考えたものか。

とにもかくにも日本軍の戦略戦術思想のなかに、クラウゼヴィッツの「戦争は防御からはじまる」という大命題はなかったのです。はじめから「攻撃は最大の防御なり」でした。大本営のエリート参謀たちは、彼の『戦争論』に目をとおしていたのでしょうが、攻勢と防御を明確に区別するというある意味では根本的な考え方には、まったく関心を寄せなかったというほかない。

明治から昭和までの近代日本の栄光も悲惨も、つまるところは「攻勢防御」の思想の産物だったのです。

日本型リーダー像の源流は西南戦争にあり

これからお話しするのは、近代日本が外へ外へと「攻勢防御」を発動する、少し前のことです。この国の中で日本人同士、最新鋭の武器を駆使した本格的な近代戦争が戦われました。明治十年（一八七七）の西南戦争です。この戦争こそが、本書の主題となる日本型リーダーシップの原型をつくったといえると思われます。それゆえに、しばらくおつきあいください。

学校教育で教えられる西南戦争というのは、「鹿児島の不平士族の叛乱を明治新政府が鎮圧した」と、まあ、教科書ではせいぜい一、二行くらいしか書かれていません。そのイメージも、おそらく刀を振り回す肉弾戦というようなものではないかと思われますが、実際はぜんぜん違います。

西郷軍は日本最強の軍隊でした。戊辰戦争に勝って明治維新を実質的に成し遂げたのは、薩長の軍事力ですが、中でも薩摩陸軍の軍事力は圧倒的だった。明治十年の西郷軍は、薩摩を出撃当初の兵力一万三千人、小銃一万一千挺、大砲六十門と、当時としては堂々たる大軍です。「不平士族の叛乱」などというレベルではない。はっきりいって戦争です。

西郷が薩摩の鶴丸城の厩跡につくった私学校は、県下各所に百以上の分校があり、三万人の生徒がいたといいますから、その半数近くを引き連れていたことになります。新政府の征討軍はというと、数こそ三万七千（増派前の数）と上まわっていますが、明治六年（一八七三）からはじまった徴兵令により集められた農民や商工民の次男、三男といったところが中心です。やっとつくりあげた兵隊です。

明治十年時点で、新編成の新政府軍がどれほどの練度であったかといえば、西郷軍と比較してまだまだ貧弱だったと言わざるを得ません。御親兵の中でも精鋭といわれた薩摩軍の半数近くが西郷さんと一緒に薩摩に引き上げましたが、その西郷軍は歴戦のつわもの、維新の勇士たちからなっています。

新政府軍の参謀長として参戦した長州出身の山県有朋が、戦況報告書で百人余の薩摩軍抜刀隊が突如、長剣を振りかざして切り込んでくる、そのためわが軍の新兵は、驚愕して敗走するものが多いと記しています。いわば軍人対素人という構図だったのです。

最強の西郷軍に対抗するためには、政府軍は最新鋭の装備を整えて抵抗するほかはありません。もし負ければ、せっかくの維新政府機構は崩壊してしまうのですから。

西郷軍は攻撃目標を、九州における政府の軍事拠点、熊本城（熊本鎮台）に定めました。西郷らが鹿児島を発った四日後、大久保利通、木戸孝允、伊藤博文、山県有朋など政府参議は、西郷らを賊軍として討伐することを決定。「鹿児島県逆徒征討軍」を派遣することが天皇の裁可を得ます。

「総督」には有栖川宮熾仁《たるひと》親王が任命され、「参軍（参謀長）職」には山県有朋陸軍中将と川村純義海軍中将が就きました。山県は侍出身、といっても足軽よりもっと下の階級ですが、軍監として奇兵隊を率いてイギリスやフランスなどの列強相手の下関戦争もやり、戊辰戦争では長岡城攻防戦を戦った生粋の軍人でした。

戊辰戦争の時も総大将となった有栖川宮の役どころは、「指揮官」というよりまさに「ミカドの名代」。御維新からたかだか十年、官軍が自らの正統性を示すパフォーマンスはまだまだ重要だった。いきおい総大将はおごそかなる権威があればいい、実際の指揮官たる参謀長および幕僚さえしっかりしていれば、戦《いく》さはうまくいくと考えたのです。ここに日本型リーダーシップの発祥がありました。

最新式兵器とサムライ

よく知られているように西南戦争の緒戦は、熊本城に立てこもった熊本鎮台の谷干城《たてき》以下政府軍守備隊を薩摩軍が包囲しての城攻めです。わずか三千三百の政府軍が城の強靭さを盾に二月二十二日から四月十五日まで二カ月近くもちこたえます。その間、政府軍援軍が大挙して北から到着し、南方からは船でやってきて上陸。西郷軍は政府軍に挟撃されて敗走し、熊本城の包囲をといて、鹿児島にもどっていきます。

田原坂《たばるざか》の戦いは激戦でした。およそ十七日間の戦闘で両軍合わせておよそ六千人の死傷者が出たといわれています。政府軍はこのとき一日平均三十二万発の銃弾を撃ったと記録されていますが、これは日露戦争の旅順口攻略戦よりも多い数です。これだけ撃てるのは、政府軍の主力が新鋭型のスナイドル銃で、いわゆる元込め式だったからです。

西郷軍の主力はエンフィールド銃といわれる先込め銃で銃身の先から火薬と弾丸をこめて撃つ旧式でした。火器・兵器では圧倒的に不利だったにもかかわらず、よく訓練され士気の高い薩摩軍は簡単には引き下がらなかった。さっきの山県の戦況報告は、田原坂の戦いのときのことです。

政府軍は新型銃のスナイドル銃だけでなく、射程距離、貫通力ともに凌駕するヘンリー・マルチニー銃、回転連射のガトリング砲、元込め式大砲のアームストロング砲など新式の兵器を調達し、実戦に使っています。結局、戦争は九月二十四日、西郷らの城山（鹿児島市）籠城軍全員が討ち死に、自刃して終結します。

相当な量の新兵器を購入し、大きな戦力を投入していますから、政府軍の戦費は膨大になりました。明治十年の国家財政支出が四千八百万円余ですが、戦費はじつに四千百五十六万円余でした。この戦争で郵便汽船三菱会社（その後の三菱財閥）や大倉組商会（その後の大倉財閥）は軍需物資調達や兵站輸送で巨額の利益をあげ、経営拡大の基礎を築いています。

これが、大久保利通らが描いた富国強兵への第一歩でした。新政府の要人になった討幕派が思い描いた大国主義への道。それは仲間うちで殺し合う、究極の権力闘争に大散財して幕を開けることになるのです。

このツケは超インフレを呼び、さらにその後の緊縮財政で経済はデフレへ。農地を売る農民。都市への大量の人口流入。その結果、農村は大部分の零細小作と一部の大地主、都市のスラム化にみられるように、極端な格差社会を生み出した。日清戦争で巨額の賠償金を得るまで、国家財政が一息つける暇はありませんでした。

こうして参謀が生まれた

ともあれ、この西南戦争の勝利が明治政府と帝国陸海軍のリーダーシップに関する考え方を決定づけることになったのです。すなわち日本型リーダーシップの成立です。それはひと言でいって「参謀が大事だ」という考えです。総大将は戦いに疎くても参謀さえしっかりしていれば大丈夫、戦さには勝てる。戊辰戦争、西南戦争での実体験がそれを裏づけしました。というわけで、参謀養成のための上級機関として陸軍大学校と海軍大学校が創設されることになったのです。

ちなみに戦闘部隊を率いる部隊長、士官を教育する陸軍士官学校は明治七年（一八七四）に、海軍兵学校は明治九年（一八七六）につくられて養成がはじまっていました。そして遅れて軍部のエリート養成機関、つまりは参謀養成機関の陸大と海大ができたのですが、その話は第二章に譲ることといたします。

いっぽう、実質的な指揮官であった「官軍」の山県有朋は、戦いのさなかに軍を移動させるにあたって、いちいち中央政府に電信を用いて許可をもとめる必要があり、そのために作戦的に後手にまわり苦戦を強いられたと考えた。このことを教訓に、軍の独立性を追求することになります。

西南戦争が終わった翌十一年十二月、山県は軍隊を指揮監督する権限、「統帥権」を中央政府から独立させることを制度化します。それまで陸軍省の外局におかれていた参謀局を独立させ、政府機構から切りはなしました。参謀本部の創設です。山県は十二月二十四日、陸軍卿（大臣）であったその地位を西郷従道中将に譲り、みずからは参謀本部長になります。そして次長に大山巌中将、局長クラスに自分の子分でもある堀江芳介大佐、桂太郎中佐などを起用して体制を固めます。彼らが知恵をしぼって「参謀本部条例」をつくりあげます。そしてこの「条例」を政府に認めさせたお蔭で、参謀本部は形式的にも内実的にも完全に政府から独立した軍令機関となる。ここに、司馬遼太郎さん言うところの近代日本の「魔法の杖＝統帥権」が誕生したのです。

この話はここでやめますが、こうして軍事国家としての第一歩を大きく踏み出し、優秀な参謀をたくさん生み出すことにより、日本帝国は日清戦争、そして日露戦争という国難にうち勝つわけなのです。

日露戦争二つの戦史

日露戦争は近代日本が迎えた最初の大きな国難といってもいいでしょう。なにしろ国家予算でいえば十倍、常備兵力でいえば十五倍の超大国、帝政ロシアを敵にまわしての戦いです。まさに「皇国ノ興廃此ノ一戦ニ在リ」となりました。

戦闘は明治三十七年（一九〇四）二月八日、旅順港にいたロシア旅順艦隊に対する日本海軍の駆逐隊の奇襲攻撃によってはじまっています。そのあと悪戦苦闘が続きますが、勝利を決定づけたのは、翌年五月二十七日、二十八日の日本海海戦であるのはいうまでもありません。その様子は、司馬遼太郎さんの『坂の上の雲』のお陰で、いまや真珠湾攻撃のいきさつよりも知られているのではないでしょうか。

『坂の上の雲』をはじめ日本海海戦を描いた作品のほとんどは、海軍軍令部が一般向けに出版した本が種本となっています。明治末期に『明治三十七八年海戦史』全四巻、昭和九年（一九三四）に二巻本『明治三十七八年海戦史』、昭和十年（一九三五）に一巻本『日本海大海戦史』がそれぞれ軍令部によって出版されています。これらは一般向けですから海軍が秘しておきたいことは書かれていません。ところがすべての機密を正直に記した真の正史である戦史が、実はひそかに残されていた。その名も『極秘明治三十七八年海戦史』（以下『極秘海戦史』とする）。

百五十巻にもおよぶ大著で極秘ですから、軍令部は三組しかつくっていません。所持したのは軍令部と、海軍大学校、そして大元帥つまり天皇のもと、宮中です。昭和二十年の終戦の際に軍令部と海軍大学校のものは焼いてしまったのですが、宮中にあったものだけが残った。それが戦後四十年たったころに下賜され、防衛庁の戦史室（現防衛省防衛研究所図書館）に移されたというわけです。わたくしはこれをはじめて読んだとき、それまで語られてきた日本海海戦の経緯とはまったく異なる事実の数々に、ただただ仰天したことを覚えています。

日本海海戦の隠された真実

日本海海戦のハイライトの一つが、バルチック艦隊が日本に近づいた頃の、ある決断をめぐる経緯です。バルチック艦隊は、バルト海からはるばるアフリカの喜望峰をまわり、インド洋を越えて七カ月の航海でようやく東アジアにやってきました。いったんウラジオストクに入って、そこで整備をしなおして日本海に再び乗り出して日本海軍と相まみえるつもりです。

このときロシアのバルチック艦隊が、目的地であるウラジオストクへ向かうには、三つのルートがありました。対馬海峡を通るか、太平洋をおおまわりして津軽海峡を目指すか、それとも本州と樺太の間の宗谷海峡を選ぶか。帝国海軍は大いに悩むことになった。それによって連合艦隊の待機する場所が違ってくるからです。連合艦隊はどうしても、敵がウラジオストクに入る前に戦いをしかけて撃滅したかった。

夏目漱石の『吾輩は猫である』の中で、猫が「俺も日本の猫だ。東郷さん以下がロシアを相手に死に物狂いで戦っているのに、ぼんやりしているわけにはいかない。ねずみのひとつもとってやろうか」と決心をして、ねずみははたして台所の隅から来るであろうか、戸棚の横から来るであろうかと、やはり三つのルートを想定して、これは思案に余るなどと猫のくせにほざいている。漱石がこれを書いたのは明治三十八年から翌年にかけてですから、当時のことを思い出しながら書いたと思います。それくらい日本国民こぞっての大問題だった。

このよく知られた三つのコースの話が、一般公刊の戦史と『極秘海戦史』ではずいぶん違って記されているのです。そこが問題なのです。

一般向けの本では、東郷平八郎連合艦隊司令長官が余計なことをいっさい言わず、対馬海峡を指さして「ここに来るでごわす」と言ったあと、泰然自若として動かなかったということになっています。つまり東郷の優れた決断力が対馬海峡での待機となり、結果的にそこにバルチック艦隊が現われて完膚なきまでにやっつけることができた、というストーリーです。それで東郷は「神様」になったと。

さすがに司馬さんは、それを百パーセント信じるほどお人よしではありませんでした。司馬さんは事情を知る海軍軍人から話を聞いて、対馬待機を続けたことには、じつは隠れた功労者がいる、すなわち島村速雄少将（第二艦隊所属の第二戦隊司令官）と藤井較一《こういち》大佐（第二艦隊参謀長）のふたりが強く対馬海峡説をとっていたと書いています。ただし、一般的な公刊資料を無視するわけにもいかず、東郷さんに遠慮したのか、東郷司令長官は島村、藤井以上にはっきりと「対馬以外には考えられない」と、早くから見抜いていたと書かれていて、せっかくのふたりの功労には具体的にふれていないのです。それもむべなるかな、司馬さんがあの作品を書いたころ、宮中に残されていた『極秘海戦史』は、その存在さえ知られていませんでした。

『極秘海戦史』によれば、じつは東郷長官も加藤友三郎参謀長、秋山真之作戦参謀も、いずれもがバルチック艦隊は対馬海峡ではなく津軽海峡へ向かった公算が高いと考えていたようです。

日露戦争後、軍令部員で東郷元帥の私設副官ともいうべき存在だった小笠原長生《ながなり》が、東郷元帥は霊感が強い方だったから対馬海峡に絶対来るという確信も、そういう霊感のようなものがあったからではないか、などと書いたりしゃべったりしましたから、ついに東郷本人が神格化され絶対視されてしまったのでしょう。

『坂の上の雲』の当該部分を読んでみます。第二艦隊の島村少将が、バルチック艦隊はどの海峡を通ってくるとお思いか、と尋ねる場面です。

「小柄な東郷はすわったまま島村の顔をふしぎそうにみている。……『それは対馬海峡よ』と、言いきった。東郷が、世界の戦史に不動の位置を占めるにいたるのはこの一言によってであるかもしれない」

小笠原の東郷賛辞と変わりません。では、『極秘海戦史』に書かれている事実はどうであったか。

連合艦隊司令部の焦燥

勝敗の帰趨を決めるような大事な決断だけに、連合艦隊司令部は大もめにもめた。寄せられてくる情報では、ロシア艦隊はフランス領インドシナ（現在のベトナム）のヴァン・フォン湾を明治三十八年（一九〇五）五月十四日に出港し、日本に向かったということははっきりしている。司令部は日本までの距離を計算し、仮に十ノットで航行すると何日に到着するかを計算します。対馬海峡に来る場合は、計算上どう考えても五月二十二日ないし二十三日、早ければ二十一日ぐらいに姿が見えるはずです。

この予測にもとづき　五月十八日ぐらいから、東シナ海一面に警戒艦を出します。その数七十三隻といいますから、ものすごい網の目を張って待っていたわけです。ところが二十一日になっても、二十二日になっても現われない。二十三日になっても来ない。司令部内に焦りが生じ、参謀たちの議論が沸騰しました。

連合艦隊司令部は五月二十四日、ついに各艦隊や戦隊に密封命令書を出しました。これは開封の日時を指定された命令書のことで、事前の開封が厳禁されています。開封の日時は、五月二十五日午後三時と指示されていたのですが、その日は日本海海戦が起きる二日前です。その密封命令書の存在こそが、一般に公刊された日本海海戦史には書かれていないことでした。

命令書の内容は、というと、「敵は北海道に迂回したるものと推断す。当隊（連合艦隊）は十二ノット以上をもって北海道渡島《おしま》に向かって移動せんとす」。要するに、これまで対馬海峡で待っていたが、当然来てもいいはずの日が過ぎても姿を見せない。これは太平洋をまわって津軽海峡を抜けようとしていると考えざるをえない、したがって我われも五月二十五日午後三時をもって北上して北海道に向かうことにする、というものでした。

ところが実際はそうはならなかった。この命令がどのような経緯で撤回され、対馬沖での待機を続けることになったのかが、歴史の闇に伏せられたのです。津軽海峡への回航を撤回させたのは、東郷の神通力ではなく、秋山参謀の叡智でもなく、島村速雄少将と藤井較一大佐の確乎たる意見でした。このふたりはどうやって東郷を説得したのか。『極秘海戦史』はその事実をきちんと書いています。

くつがえった津軽海峡説

まず、密封命令が出された二十四日、これは司令部が津軽海峡へ動くつもりではないかと、藤井がひとりで旗艦「三笠」に乗りこんできて、参謀長の加藤友三郎にねじ込んだ。ふたりは海軍兵学校の同期でしたから遠慮のない間柄です。藤井は、司令部はバルチック艦隊が艦隊速度十ノットで北上中と計算しているが、出し得る速力はせいぜい七ノット。まだ現われないのは当然だと、数字をあげて論理的に説明したらしい。わざと漂泊して日本側の計算を狂わせることだってできる、とも言ったようです。加藤参謀長もそれほど確信があっての北方回航ではないから、藤井の説を論破できない。そこで、決戦前に全軍の意思統一をもういっぺんするとして、各艦隊責任者を「三笠」に集めることを約束する。

翌二十五日は、低気圧のため玄界灘は大荒れに荒れていたそうです。そのなかを各艦隊司令官と参謀長たちが続々と旗艦「三笠」に集まってきました。軍議では北進論者が大勢を占め、藤井に賛成する者はひとりもいません。そこで藤井大佐はバルチック艦隊の速度や水や燃料の具合とウラジオストクまでの距離などを念頭に容れて方程式をたて、二十七日前後には対馬にかならず来ると熱弁をふるっています。

そのとき第二艦隊第二戦隊の島村少将はまだ「三笠」に到着していません。島村の艦は

「三笠」からかなり遠いところにおり、折からの低気圧で波が荒くカッター（手こぎボート）が遅れた。対馬待機論の藤井が、言いたいことを言い尽くしたところでようやくずぶ濡れの島村が登場します。

島村とこれも海兵同期である加藤が、「オイ、島村、バルチック艦隊はどこに来ると思うか」と気軽に聞いた。すると島村は、「バルチック艦隊? ここに来るよ。対馬に来るに決まっているじゃないか」とあっさり言いきりました。要するに島村は、戦闘の心得のある者がひとりでもロシア側におれば、対馬を通ろうとするのは理の当然で、世界に冠たるバルチック艦隊が日本海軍に怖じ気づいてわざわざ遠回りして津軽海峡を渡ることはしないと主張したのです。これを黙って聞いていたのが東郷さんでした。

東郷さんは、島村と藤井のふたりだけを司令長官室に呼んであらためて意見を言わせ、とっくりと聞いた上で決断をくだしたといいます。「密封命令の開封を二十四時間延ばします」。これがその日の軍議の結論となりました。ふたりの意見は東郷の決心を変えるくらい冷静で合理的だったのでしょう。彼らも偉いが受け入れた東郷も偉かった。

国民に隠さなくても東郷元帥の偉大さは伝わったはずなのに、海軍は東郷さんを神様にしたかったのでしょう。藤井は晩年になって、海軍大学校で日本海海戦の研究をやるときにはきちんと教えておいたほうがいい、それは将来の日本のためになると、親しい部下だった松村龍雄中将に手紙を書いています。しかし、その中でも「多少にても偉功を損うることありては相成らぬと考え、決して公表するものにこれなく候」と書き添え、東郷さんの栄光に傷がつくことを心配していました。

さて、軍議の翌日の二十六日の朝まだき、ロシアの石炭船が上海に入ったという決定的な情報が軍令部にもたらされます。「いまごろ石炭船が上海に入るくらいなら、まだ敵は東シナ海にいるぞ、間違いなく対馬に来る」と確信することになったわけです。もしも命令どおり連合艦隊が北海道方面に移動していたら、と考えるとゾッとします。密封命令の開封を一日延期したその甲斐あって、判断を誤ることなく大勝利を得ることができました。戦いすんで、毫《ごう》もビクつかざる、悠々たる大勝利のように伝えられ、国民もそれを信じたのですが、日本海海戦ばかりでなく、旅順攻略も奉天会戦も、実際はそうとうきわどかった。

ともあれ、これが『極秘海戦史』に書いてある事実です。いや、そのほんの一部です。日本の海軍はこういう経緯を隠蔽し消滅して、「東郷さんは神のような英知をお持ちであった。そして泰然自若たる指揮官として、ここに来ると断言した。あれこそ日本のリーダーのとるべき態度である」と強調したのです。

「陸の大山巌」という伝説

陸軍の理想のリーダーとなった大山巌元帥についても、東郷さんの「ここに来るでごわす」に負けずとも劣らぬ有名な伝説があります。遼陽作戦のあと、奉天に向かって進撃する日本軍のスキを突いて、ロシア軍が猛反撃をしてきた沙河会戦でのできごとです。

苦戦を強いられ満州軍総司令部の雰囲気が険悪になってきたとき、自室から出てきた大山巌総司令官が「児玉さん、朝から大砲の音がしもうすが、どこぞで戦《ゆっさ》がごわすか」とトボケた顔で言ったというのです。これで部屋の空気がたちまちなごみ、参謀たちが冷静さをとりもどした、と。児玉源太郎総参謀長が「いや、なにもございません。どうぞご安心を」と答えると、「そうでごわすか。まあ、しっかりやってください」と、泰然自若と自分の部屋に戻っていった。

ところが事実はそうではなかった。大山さんは作戦計画を自分に説明させ、参謀を叱咤し、救援を差し向け、全滅に瀕している一旅団を助けた、というのがほんとうのようです。そういうややっこしい経緯が公刊戦史からは消されてしまいました。なぜか。無謀な作戦を立案し、遮二無二部隊を前進させた参謀たちの、沙河会戦での失敗を覆いかくして責任を曖昧にするためです。

こうして総司令官大山元帥は鷹揚と、じつに堂々として小うるさいことは言わず、すべてを児玉総参謀長にまかせて縦横に腕をふるわせた。そして陸軍きっての秀才である参謀たちが、総参謀長を補佐し知恵をしぼったことで、満州軍は最強といわれたロシア陸軍を打ち負かした、というお話ができあがりました。

実際は、大山も東郷も、参謀の上にただ乗っかっていたわけではなく、戦場では参謀たちに指示を出し作戦を指揮していたのですが、とにかくだまって部下の作戦・行動をみまもる静かにして重々しく堂々たる総大将という人物像がつくられた。「海の東郷」と「陸の大山」が名将として並び立ち、これこそがリーダーの理想像とされたのです。これが以後の総大将像を決定づけました。

陸軍の聖典「統帥綱領」

なぜ、そのような作りものの戦史が残されたのか大問題ですが、一般国民向けにはそれでよかった。士官クラスの教材としても、まあ、差しつかえなし、ということでしょう。

けれどさすがに次代を担う将官・参謀候補生たちに、動かざること山のごとし、と講談に出てくるようなリーダー像を示すだけではまずいと、陸軍も海軍も気づきます。

日本のリーダーシップというものを、軍事学的にきちんと定義しようじゃないかと、陸軍は、大正三年（一九一四）に『統帥綱領』という分厚い本を刊行します。大正七年には改訂が加えられました。ただし、軍極秘で門外不出です。

改訂時の審査委員長は、当時参謀本部第一部長だった宇垣一成少将。審査委員には、参謀本部作戦課長の金谷範三大佐、陸軍大学校兵学教官の阿部信行中佐、そして参謀本部員の畑俊六少佐、梅津美治郎大尉と、のちの帝国陸軍の文字どおりリーダーたちが、名を連ねています。

日本のリーダーはどうあるべきかという考察を書いたものです。それがまことにごちゃごちゃと書かれているのですが、そこをわかりやすく分類しますと、次のようになります。

まず、一番目、リーダーは高邁な品性を持たなければならない。

二番目が、リーダーは公明な資質を持たなければならない。

三番目は、リーダーは無限の包容力を持たなければならない。

四番目に、リーダーは堅確な意志を持たなければならない。

五番目として、リーダーは卓越した識見を持たなければならない。

そして六番目は、リーダーは非凡な洞察力を持たなければならない。

いいですか。高邁な品性、公明な資質、無限の包容力、堅確な意志、卓越した識見、非凡な洞察力、これらを全部持っている人間がいるとすれば、間違いなくそれは神様です。さすがに書いた人も恥ずかしかったのでしょう、そこで「要するに」とまとめまして、「日本の指導者は、威徳を持たなければならない」と単純化した。威徳というのは、威厳と人徳ということです。

こうして帝国陸海軍の軍人が頭に描く理想のリーダーは、「威厳と人徳を持つ人である」ということが確定した。長い時間をかけて秀才中の秀才たちを集めて決めた割には、けっきょく国民向けの本、『日本海海戦史』によって浸透した英雄のイメージと同じことになってしまったというわけです。「威徳」の人――その具体的人物像、リーダーはかくあるべしという理想は、陸軍においては満州軍総司令官大山巌であり、海軍においては連合艦隊司令長官東郷平八郎とあいなったのは、先に申し上げたとおり。

以来「威徳」のリーダーを理想として、帝国陸海軍はお飾りのような最高指揮官を頭にいただいて、中国さらにはアメリカと戦うことになるのです。このことがもたらした過誤は、ついに国家を滅ぼしてしまったのです。

海軍士官に学べ

トップの「型」ができるまでの話はこれでおしまいですが、下級の指揮官となると、悠然と「すべて任せるよ」というわけにはいかない。戦闘部隊を指揮する士官がいかにあるべきか、ということについて、海軍は具体的かつプラグマティックな指南書をつくり、わかりやすい数々の標語を生みだしています。そこで、脱線しますが、そのことを余談として楽しく一席したいと思います。もしかしたら、いまでもこれらは課長・係長クラスには参考になるかもしれませんね。

・海軍次室士官心得

一つ目は「海軍次室士官心得」。これは日中戦争開戦から二年後の、昭和十四年(一九三九)にまとめられています。「次室士官」とは、ガン・ルームと呼ばれたラウンジに集う少尉、中尉、大尉といった尉官のことです。少佐、中佐、大佐といった佐官になると特別の部屋になる。艦長となれば艦長室に入ることになります。その下のクラスで一兵卒を指導する立場の連中が、いかに部下に対するべきか、その心得を教えるもので、その中から面白いものをいくつか紹介します。

一つ、「功は部下に譲り、部下の過ちは自ら負う」

二つ、「部下につとめて接近し下情に通ぜよ。しかし部下になれしむるはもっとも不可である」

三つ、「自分が出来ないからといって部下に強制しないのはよくない。部下の機嫌を取るが如きは絶対禁物である」

四つ、「悪いところは、その場で遠慮なく叱って正せ。しかし叱責するときは場所と相手を見てなせ」

五つ、「世の中はなんでも、〈ワングラス（一目見）〉で評価してはいけない」

これらはつまり、とりもなおさず人はその逆をやりがちであると言っているのです。

・おいあくま

上の者としての心がけを示した言葉です。つまり、「おこるな、いばるな、あせるな、くさるな、まけるな」。

思わず笑ってしまいますが、いずれも大事なことですね。そんな覚えのあるひとは、デスクの引き出しにでも「おいあくま」と書いたメモをひそませて、ときおり見てみたらいかがでしょうか。

・三ぼれ主義
仕事にほれろ、任地にほれろ、奥さんにほれろ、と諭しています。

・3S
smart、steady、silent
「スマートで、目先が利いて几帳面、負けじ魂これぞ船乗り」と自らを鼓舞したわけです。

・五分前精神
集合のときは決められた時間のかならず五分前にはそこに居れ。遅刻厳禁の海軍でした。

・業務前のABCDの実行
Aは当たり前のこと。Bは、ぼやっとするな。Cは、ちゃんとする。最後のDは、direct、直接やれということです。

・ダラリ追放
ムダ、ムラ、ムリをなくそう、という意味の標語です。これはまことに大事なことであります。大型公共工事のムダ、生活保護をはじめとする各種社会保障制度のムラ、なにがなんでも再稼働させたい原子力行政のムリ。大本営陸海軍部ならぬ政府・官公庁には、いまなお「ダラリ」がはびこっているものであるなあと、老骨は今日もため息をついております。

第二章
「参謀とは何か」を考える

リーダーを補佐する参謀が大事、つまり「参謀重視」の日本型リーダーシップを考えると、ではその参謀とはいかなるものかにまずふれないわけにはいかなくなります。

前章で述べたように、明治の帝国陸海軍は日露戦争の体験をもとに大山巌と東郷平八郎に代表される「威厳と人徳」のイメージをリーダーの基本にすえました。実際の東郷、大山は、威徳はもちろんあったけれど、付与された総司令官の権限を行使していたことは前述したとおりです。さらに大山、東郷以下明治の将官らは、たとえいくつかの戦局で采配の失敗を犯したとて、最終的に戦争に勝利したおかげで、とくにその責任を問われることがありませんでした。それどころか、みんな出世して華族になった。

やがて時代が下って昭和になると、「威厳と人徳」は、つまるところ「作戦にうるさく口出ししない指揮官」、「重箱の隅をつついたりすることのない将」、そういう人物像へと結んでいくようになります。歴史的真実を隠蔽した「明治の栄光」をやみくもに見習うと、そういうことになるのですね。そしてまた、お神輿《みこし》に担がれているだけのリーダーとそれを補佐する参謀がともかく大事なんだ、という日本型リーダーシップ論から、リーダーの権威を笠にきて権限を振りまわす参謀が輩出されていくことになる。そこに昭和日本のなんとも語りたくなくなる情けない話が出てくるわけです。

本来、権限は責任と表裏一体です。昭和十二年（一九三七）七月にはじまった日中戦争、昭和十四年五月のノモンハン事件、さらに昭和十六年十二月以降の対米英戦争と、国家の運命を賭した戦さを次々に重ねていく中で、責任問題がいやおうなく浮上していく。ところが昭和の陸海軍はそれとまともに向き合うことをしなかった。ついには権限と責任のいびつな構図にからめとられる事態を迎えることになっていくのです。はたしてその構図とはいかなるものであったのか。

昭和の陸海軍には、リーダーと責任の関係において、典型的な、まことに香《かんば》しからざる三つのタイプがありました。まずはそれぞれ、太平洋戦争における代表格を紹介することにします。そのほうがわかりやすい。彼らの似姿はいまも永田町に、霞が関に、あるいはあなたの会社にも見つけることができるかもしれません。

①権限発揮せず責任もとらない

太平洋戦争を見渡しますと、何もせぬままほんとうに上に乗っかっているだけだった、という将官が山ほどいたことに驚きます。ほとんどの指揮官がこれでした。つまり権限を発揮することなく、失敗の責任もいっさいとらなかった者たち。中でももっとも典型的なのが第四航空軍の司令官だった長崎県生まれ、陸士・陸大卒の冨永恭次中将です。

東條英機の腰巾着で、東條内閣では陸軍次官もやったようなエリート軍人ですが、昭和十九年（一九四四）八月、第四航空軍の軍司令官として、大事なフィリピン防衛戦を戦うことになりました。彼は太平洋戦争のはじまる前に陸軍省人事局長、はじまってからは陸軍次官で、東條陸相のもとで勢威をほしいままにする。が、東條内閣がつぶれてから、はじめて前線に出されます。つまり近代戦の実戦経験がなく、のみならず歩兵出身で航空戦の知識は皆無という門外漢。戦局の劣勢が極まっていてもなお、こんな人事がまかり通っていました。いくらか懲罰人事の気味がありますが。

マニラに着任した冨永軍司令官がやったことは、陸軍初の特攻隊、万朶《ばんだ》隊をはじめとして、十死零生の作戦に若者たちを次々に出撃させたことでした。

万朶隊を送り出すときにはパイロットたちを司令部に呼んで、「諸君はすでに神である。君らだけを行かせはしない。最後の一戦で本官も特攻する」などといって励ましています。ところが「自らも特攻する」など大ウソで、レイテ島を米軍に奪回されると、昭和二十年

（一九四五）一月、出撃どころか第四航空軍一万の指揮下の将兵をフィリピンに置き去りにして、台湾に軍司令部を移動させます。要するに戦場から逃げだしたのです。「態勢立て直しのための行動」などと主張しましたが、じっさいは側近の参謀ら高級将校を連れての敵前逃亡で、女をともなっていたともいいます。無事台北に着いてからは、胃潰瘍を理由に、あろうことかのんびり湯治をしています。

台湾への移動は、許可はもとより事前の大本営への申請をせず無断で行ったもので、明らかに軍紀違反。本来ならば軍法会議ものでした。冨永のこの行状は台湾でも知れわたって総スカンを食い、一兵卒さえ冨永には敬礼をしなかったといいます。陸軍中央でもやがて問題視され、二月に待命、五月になって予備役編入の処置となる。さらにその後、「卑怯にも逃げた者を予備役にして銃後におくのはおかしい」と、懲罰的に二十年七月に召集され、満州の関東軍に第百三十九師団長として赴任させられています。

敵前逃亡は軍紀によれば銃殺刑の重罪です。下僚の兵士への処分が過酷であったことを思えば、冨永の満州への左遷など、罰ともいえぬ緩い処置でした。しかも、師団長なのに現場の指揮から逃げ、責任者としてほとんどやる気を見せなかった冨永は、シベリアに抑留されて昭和三十年（一九五五）に無事に帰国しているのです。

まったく軍司令官として何の役にも立たず、お飾りであり、責任もとろうとはしなかった軍人の典型といえるでしょう。とにかく最高にひどいリーダーでした。

②権限発揮せず責任だけとる

この典型は、海軍の南雲忠一中将ということになりましょうか。

南雲は山形県米沢の出身、海兵は七番、海大は次席で卒業、専攻は〝水雷屋〟でした。海軍中央の要職をふみ、そのいっぽう水雷一筋でやってきた実務部隊の体験も豊富。昭和九年（一九三四）ごろから海軍部内で沸騰した軍縮条約を延長すべきかどうかをめぐる議論では、条約廃棄論の急先鋒として、何ごとによらず強硬論をよろこぶ若い士官の信望を集め、いわゆる艦隊派の中堅士官のエースとして鳴らしました。艦隊派ゆえに出世街道を着実に歩み、そして昇りつめて得た椅子が、第一航空艦隊司令長官という大任（昭和十六年四月着任）だったのです。

まったく畑違いの勝手のわからない航空作戦計画を前に、どう指揮したらいいのか南雲は呆然としたことでしょう。しかし、海軍中央は年功序列やいわゆるハンモック番号人事（成績順人事、正しくは軍令承行令という）によって能力不足の司令長官を任命したとしても、幕僚で補ってそれでよしとしたのです。つまり参謀がしっかりしていれば長官は素人でも、という日本型リーダーシップ論を、海軍ももっていたというわけです。で、参謀長に航空出身のベテラン草鹿龍之介少将、航空参謀として戦闘機乗りの源田実中佐以下、航空畑の逸材を並べました。指揮官として権限を発揮したくても、これでは発揮しようがありません。有能な専門家の部下にまわりを囲まれて、畑違いの〝水雷屋〟のリーダーとしては、航空作戦には泰然としてうなずくだけしか用がないのです。真珠湾攻撃で空襲部隊の総隊長だった淵田美津雄は南雲司令長官をこう評しています。

「畑違いの要職についたのであろうが、旧に倍して情味豊かな長官ではあるが、潑剌颯爽だった昔日の闘志は失われ、なんとしても冴えない長官であった。年のせいで、早くも耄碌したのではないかと感ずるのであった。作戦指導が極めて退嬰的で、長官みずから乗り出してイニシアチブをとるというふうはなかった。いつも最後に、『ウン、そうか』で決裁するというふうであった。……長官として必要なのは、戦闘推移を見通す見識と、卓越した統率であるが、南雲長官は二つとも欠いていた」

自信のない南雲が失敗を恐れて優柔不断になるのはいわば当然のことでした。門外漢ゆえに何もしゃべらず判断もできなかったのですから、専門家たる幕僚たちの仲間からはずれざるを得なくなります。それでもまあ、真珠湾攻撃ではうまくいきました。が、ミッドウェイ海戦では、主力空母四隻すべてを失い大敗北を喫しました。この海戦のことはあとでくわしく語るときがきます。南雲は炎上する空母「赤城」に残って艦と運命をともにすることで責任をとろうとしましたが、草鹿参謀長らに説得されて、「赤城」を脱出し帰還しました。問題はそのあとです。

作戦失敗後の処遇は山本五十六連合艦隊司令長官預かりとなりました。源田参謀以下は異動しましたが。山本は南雲と草鹿の責任を深く追及せず、復仇の機会を与えるとして、再編された次の機動部隊の司令長官と参謀長にそれぞれを就任させました。山本は「ミッドウェイ敗戦の責めは私にある」といい、「いまやめさせては南雲に傷がつく」と南雲解任の声を退けたとも言われており、これを山本の恩情人事ととるむきもあるのですが、山本はこのとき、南雲のクビを切って自分もやめるべきであったとわたくしは思っています。ついでに軍令部総長永野修身大将もやめたらよかった。

軍令部は当初ミッドウェイの大敗を陸軍に隠し、海軍部内でさえ公にしなかった。いや、天皇にさえ正しい情報を伝えなかった。だれが責任をとるかという問題にぶち当たったとき、それを明確にしては、指揮官を選んだ上層部にも責任がおよぶことになりかねない。

けっきょく失敗はなかったことにしてしまったのです。のちの昭和十九年七月、南雲忠一は中部太平洋方面艦隊長官として、サイパン島でピストル自決しています。

③権限発揮して責任とらず

ここでとりあげたい軍人は、文句なしに牟田口廉也。昭和十九年（一九四四）三月のインパール作戦を発案し指揮したリーダーです。そして大敗北を喫した。明治二十一年（一八八八）、佐賀県生まれ。陸士・陸大卒。順調に陸軍中央のエリート参謀の道を歩み出すのですが、昭和十一年（一九三六）の二・二六事件が彼の運命を狂わせました。反乱を起こしたのが、いわゆる皇道派系の青年将校で、牟田口はその皇道派系と目されていたため、事件後の粛清人事で一時不遇をかこったことがあります。のちに東條英機の知遇を得て東條軍閥の一員となりますが。

それはともかく、問題のインパール作戦です。昭和十七年（一九四二）暮れに、ガダルカナル島をめぐる攻防に敗れ、日本軍の劣勢が決定的になったのち、昭和十八年（一九四三）三月にビルマ方面軍が新設され、牟田口はその麾下の第十五軍司令官に就任します。そのとき勲章と名誉好みの牟田口が考え出し、実行に移すことを決意したのがこのインパール作戦でした。これを成功させることによって、親分の東條英機内閣の人気回復を謀ろうとしました。彼は作戦の企図をこう新聞記者に語っています。

「私は盧溝橋事件のきっかけをつくったが、事件は拡大して支那事変となり、ついに大東亜戦争にまで発展してしまった。もし今後自分の力によってインドに進攻し、大東亜戦争遂行に決定的な影響を与えることができれば、今次大戦勃発の遠因をつくった私としては、国家に対して申し訳がたつ」

作戦計画というのは本来合理的なものです。冷静に考えたら成立しないような作戦を、敢行すべきではもちろんない。そこに政治判断をもちこんで無謀な作戦が採用されてしまうというのは、もっともやってはいけないことでした。それを東條と牟田口は平気で行ったわけです。

この作戦には上長の方面軍をはじめ周囲がみんな反対しました。自分のところの第十五軍の小畑信良参謀長もビルマ北部からのインド進入は峻険な山脈や峡谷が続いて補給が困難だと反対すると、牟田口は小畑をたちまちに更迭。「補給がままならないというのなら、ジンギスカン戦法でいけばいい。牛の大群をひっぱっていって、食糧にすればいい」といいだす始末です。つまり権限を発揮した。三人いた師団長全員も作戦の中止を求めますが、これもただの弱腰と退け次々に更迭していきました。それでインパール作戦がうまくいくはずはありません。ひどいことになります。

やがて、さすがの参謀本部も作戦失敗と判断し、東條首相兼参謀総長に中止を示唆するのですが、東條は「戦いは最後までやってみなければわからぬ。そんな気の弱いことでどうするのか」といってこれを一蹴したのです。その犠牲は悲惨そのものでした。飢えて死んだ日本兵の死体がインパール街道に山をなし、負傷兵の上をイギリス軍戦車がばく進していきました。

戦後、牟田口に会ったときに「師団長が全員反対ということは、軍事的にみて成功しないということではないですか」と聞いたら、「三人とも無能だったから失敗したんだ」とうそぶいていました。

牟田口廉也は作戦の失敗を三人の師団長たちに押しつけて、自分は責任を問われぬまま生き延びました。この大敗北のあと、昭和十九年（一九四四）の十二月にいったん予備役にまわされますが、すぐに召集されます。しかし、もう戦局は極度に悪化していて、配置する適当なところがなく、予科士官学校の校長になっています。戦後は昭和二十年（一九四五）十二月に逮捕されて巣鴨プリズンに戦犯容疑者として入り、シンガポールに移送されます。けれど罪には問われず釈放されていますね。運がいい、といえばいえますね。

戦後になってわたくしは、小岩に住んでいた牟田口に何べんも会っています。訪ねていっても、どういうわけかうちには入れてくれません。いつも江戸川の堤までいって土手にすわって話すことになりました。話していると、かならず最後には「なぜオレがこんなに悪者にされなければならんのだッ」と激昂するのです。じつは戦後だいぶ経って、イギリスでインパール作戦に関する本が出版され、その中で日本軍の作戦構想をほめている部分があった。牟田口は、その論旨を力説して、「ちゃんと見ているひとは見ているのだッ！君たちはわかっとらん！」と、たびたびわたくしは怒られました。戦後を長く生きて、世を去ったのは昭和四十一年（一九六六）のことでした。

牟田口は東條英機の威を借りて与えられた以上の権限を振り回した。大失敗してもいっさいの責任をとることなく、ついに自らの失敗を省みることさえしなかったのです。

責任と組織の論理

どうもリーダーの中でも、とくに悪い例というか、出来のよろしくなかった例ばかりを挙げた感じになりました。もちろん、権限を正しく行使し、責任もきちんととった人がいないわけではありません。しかし、どちらかというと、トップの指揮官が細かく口を出すのは敬遠される気味が大いにありました。とくに部下の参謀たちがそれを嫌ったんです。そこが日本型リーダーシップの独特なところなのです。

それにつけても、リーダーシップの観点から太平洋戦争を見渡して思うのは、ほんとうの意思決定者はだれなのかがよくわからないということです。それは外部から見てわからないのみならず、内部者にさえわからないときがあった。決定者はいるが、それは多くの場合参謀によるもので、そういう場合の指揮官は参謀の作文の代読者でしかなかった。下は上を上とも思わず、上は下に依存するしくみとなっていたために下剋上がおきやすかった。太平洋戦争のはじまる直前の、永野軍令部総長の有名な述懐があります。

「中堅の参謀たちはよく勉強をしている。あの連中にまかせておけば、まず間違いはない」

たしかに、やれレーダーだ、やれ酸素魚雷だと、日進月歩の近代兵器の急変化にはついていけなかったのでしょう、ロートルには。それゆえに〝専門家〟に任せるのがいちばん、とせざるをえなくなり、時代遅れのリーダーなんかいらない、ということになるのは、あるいは当然なところもあった。しかし、それは決してやってはいけないことなのです。

陸軍のいびつな人事制度

とくに陸軍には、「大本営派遣参謀」というとんでもない役職がありました。中央から戦いの現場に直接派遣される参謀です。これがまことにやっかいな役職で、統帥のトップ参謀総長の身代わりとして命令を発することが許された。それを可能にしたのは、陸軍参謀本部が作成し派遣参謀に委ねた命令書です。「これこれを命ず」と書き、「なお細則については参謀をして指示せしむ」と記した。これこそが、指揮官を超越した、絶大な権限の壟断《ろうだん》を派遣参謀に許した元凶だったのです。

その「派遣参謀」として乱暴な命令を出しまくったのが、有名な辻政信中佐です。このあとくわしく語ることになる辻政信の失敗は、つまり、この人物のもつ特異なキャラクターによるのみならず、大本営派遣参謀という職権がもたらしたものでした。彼は陸軍のいびつな統帥システムが産んだモンスターとみることもできるのです。

終戦時に参謀本部作戦課の参謀だった朝枝繁春中佐（陸士・陸大優等卒）は、敗戦直後に派遣参謀として満州の関東軍に飛び、生物兵器の研究をしていた七三一部隊の証拠の徹底的隠滅工作をしていました。わたくしが、「勝手にそんなことができるのですか」と尋ねたら、「大本営派遣参謀というのはたいへんな力をもっている。たとえ関東軍司令官がなにを言おうが指揮できる」と言いきりました。この派遣参謀に付与された権限の裏づけになったのが、明治十一年(一八七八)に陸軍省から独立して、参謀本部が発足したときに制定された「参謀本部条例」です。すでにいっぺん、ふれていますね(四八ページ参照)。

参謀本部が派遣参謀に立案させた作戦は、統帥権を楯に押しとおすことができる。つまり派遣参謀は参謀総長の名代となってしまった。「これが大元帥陛下のお考えである」と言われたら、現地の司令官がそれを潰せようはずはなく、けっきょく参謀がリーダーをさしおいて実質的に指揮する幕僚統制となったわけです。しかも参謀には責任がないから作戦が失敗に終わっても責任をとらなくてすむ。無駄な公共事業をがむしゃらに推し進めて財政を破綻させても、なんの責任も問われない現代の官僚と同じです。

責任を曖昧にした原因はほかにもありました。連隊なら連隊の、艦隊なら艦隊の、組織の名誉というものを筆頭においた昭和陸海軍共通の価値観です。たとえば連隊長が責任をとるということにでもなれば、連隊あげての名誉失墜となってしまいます。いきおい、「閣下はどうぞお下がりください。責任はわたくしが取ります」と大隊長がかぶることになる。すると大隊長を潰しては大隊の不名誉になるからと、中隊長が身代わりになろうとする。どんどん責任の所在が下に下りていき、気がつくといつのまにか何にもなかったことになっていたのです。

参謀教育は何を教えたか

近代日本の軍隊は、日本型リーダーシップを確立し、意思決定者がだれであるのかをよく見えなくし、責任の所在を何となく曖昧にしてきました。指揮官には威厳と人徳があればいい。実質的にリーダーシップを発揮するのは参謀だった。それで参謀というものがとくに重視された。というわけで、参謀という「重責」を担う者たちを養成するためにつくられたのが、すなわち陸軍大学校と海軍大学校です。

陸大は明治十五年（一八八二）、海大はそれに遅れること六年、明治二十一年（一八八八）に生まれています。修業期間はもとは三年でしたが、昭和になって戦争が激しくなるにつれ短縮され、最後は半年となっています。

陸軍大学校に入るには、陸軍士官学校を卒業して隊つき勤務を終えたあと、連隊長など直属の上官の推薦によって受験資格を得ます。三十歳未満の中尉までと限られました。海大の場合、受験者は海軍兵学校卒業者で、陸軍同様数年の実務経験をもつ大尉、少佐などから選抜されています。試験はいずれも初審と再審の二回。初審は筆記試験で、戦術はじめ一般教養科目や典範などの知識を問う。七月に合否がわかって、定員の二倍ほどの人数にしぼった上で、十二月に再審が行われました。再審は口頭試問が主で、じつに一週間ほどの厳しいものでしたから、初審に合格してからが猛勉強の日々となったようです。合格者は受験者の約一割ともいわれていますが、皇族だけは実質的に無試験で入学しています。

ともかく自分たちの隊からエリートコースに乗る将官を出そうと、連隊あげて協力態勢をとることさえあったそうです。終戦時の陸軍大臣阿南惟幾《これちか》は、陸大受験に三回失敗しています。陸軍中央幼年学校生徒監時代の四度目の挑戦のときは、生徒も阿南教官を応援しようと、「中尉どのは勉強をしていてください」と阿南には講義をさせずに受験勉強をさせたという逸話が残っています。

翌年に大尉昇進予定だったので、阿南は最後のチャンスでようやく入学できたことになります。東條英機も三度目でようやく合格。いずれにしても、合格者は受験者の約一割でしたから、かなり難しい試験であったことはまちがいない。

陸大も海大も、卒業者にわたくしは「どういう試験をするのですか」とずいぶん尋ねましたが、みんな早く忘れたいとでも思ったのか、どうも判然としなかった。ようやく入手した海大入試の数学の問題をひとつ紹介いたします。

「3を3回つかって、その解が0から10となる数式を出せ」

たとえば、3＋3＋3＝9で、9はだれでもできる。ところが1、5、7、8、10は高等数学を使わないと解けません。解答例をこの章のおわりに掲載しておきますので挑戦してみてください。

軍事オタク育成機関

そうして狭き門をくぐった参謀候補生たちに海軍大学校がなにを教えていたのか。古い資料は残念ながら残っておらず、手元にあるのは昭和十年代のものです。

戦略、戦術、戦務、戦史、統帥権、統帥論。これらについての授業が七十二・八パーセントを占めていました。つまり、参謀教育というのは、戦争をいかにして計画し、いかにして作戦を立案し、いかにして勝つかという、軍略の教育に多くの時間を割いていたことがわかります。ところが国際情勢、経理、法学、国際法といったいわゆる軍政についての授業は十三・二パーセントにすぎません。軍人のもつべき知識・教養としてこれらはかなり重要な教科なのですが、これがあまり重視されなかった。昭和の軍隊は国際法というものを重要視しなかったとよく言われますが、この数字を見ると、やはりちゃんと教えてなかったのではないかという疑いをもたざるをえません。

東京裁判のときに東條英機や畑俊六（阿部信行内閣の陸軍大臣／米内光政内閣倒閣の責任を問われてA級戦犯に指定された）が、自らの罪状のなかに出てきた九カ国条約（中国の主権・領土の尊重、門戸開放をワシントン会議でさだめた国際条約）やパリ不戦条約（第一次世界大戦後に締結された多国間条約）について、よく知らなかったという逸話も残っています。畑俊六は陸大トップ卒なんですがね。

語学、日本史などの一般教養にいたっては、わずか十四パーセント。ほとんど学んでいません。ということは、要するに、陸大・海大は戦闘に役立つ参謀を育てることに特化した教育機関であったのではないかと、これまた思わざるをえないのです。

わかりやすい言葉でいうなら「軍事オタク育成機関」。「軍事オタク」が優等生になったと考えていい。そういう見立てを陸大優等で卒業した人に話すと、みなさんひとしく怒りました。「そんなことはない。われわれは常識円満であった」と。常識があったかどうかはともかく、少なくとも人格・識見・判断力・勇気などというものは、評価の対象ではなかった。軍事オタクたる成績優秀な人たちが、文句なしに参謀本部ないしは軍令部に行って参謀になっていきました。

成績優秀者たちの実像

ちなみに上位六人は天皇から恩賜品が下賜されました。陸大では六期生までが望遠鏡、それ以降は軍刀です。昭和の時代の陸大優等卒業者は「軍刀組」と呼ばれることになります。また、首席卒業生はそのとき「御前講演」をするという栄誉を与えられました。

前述の朝枝繁春に「陸大の教育というのは、なっていなかったのではないですか」と聞いたら、あっさり言いました、「うん、なっていない」と。

「上から言われたことだけをするように教育され、本来やわらかかったはずの自分の頭がどんどん固くなって、前の時代のやり方を踏襲するような思考方法しか教わらなかった」と答えたのを覚えています。また対ソ戦略一辺倒で、対米・対英戦略はなに一つ教わらなかったし、開戦や停戦、終戦の手続きなども学んだことがない、とも言っておりました。

同じく大本営陸軍部の情報参謀だった堀栄三中佐は、陸大時代、情報参謀の教育は皆無だったと自著（『大本営参謀の情報戦記』文春文庫）に書いています。「従って情報の教育は実務教育の中に組み入れられて、大本営第二部（情報課）の情報参謀たちが出向してきて、ソ連事情、支那事情、欧米事情などを話し、彼らが実施している情報の実務を一方的に聞かせてくれるだけで、情報をいかにして集め、いかに審査し、いかに分析して敵情判断に持っていくかという情報の収集、分析の教育は、陸大教育の中にはまったくなかったのである」と。

満州事変が起きた昭和六年（一九三一）以降に陸大を卒業した者は、一千二百七十二人です。しかし、兵站を専門とする輜重《しちょう》科上がりの者はたったの三十三人。どう考えても参謀本部は、情報や兵站を軽視していたとしか考えられません。このことが太平洋戦争の陸軍戦死者百六十万人のうち、じつに七〇パーセントが飢餓によるものという災禍を招いた要因のひとつであると思います。

陸大卒業者は、右胸下に楕円形の銀台に金色の星のついた徽章をつけていました。それが天保銭に似ていたので、陸大卒は「天保銭」、そうでない者は「無天」と称されました。これはエリート主義を蔓延させて組織をおかしくするというので昭和十一年に廃止されているのですが、逆に「天保銭」組への嫉妬や「天保銭」組の専横があったことを裏づけるような処置でした。たとえば昭和六年、わざわざ「天保銭制度に対する普通将校の不平反感」という調査報告書がつくられています。その中に、陸大卒業生の人格の欠如、不軍紀、非常識な言動が山ほど列挙されているのです。

「一部の学生たちは、自己を忘却し、いたずらに教官に迎合して成績本位に走る傾向が見られたことも事実であったが、それはどこの社会にもあることであろう。しかも優等生という者にそれが多いというのも皮肉だが……」

堀栄三情報参謀はこうも書いており、「軍刀組」がかならずしもその人格まで保証された者でないことを、はしなくも証言しています。

参謀という不可思議なポスト

そして大事なところは、大学校に入ったとたん、参謀候補生たちは軍隊にはつきものであるそれまでの「身上申告」とか、「勤務評定」とかから解放されてしまうということです。参謀教育において、こういう評価システムがなかったことは大いに問題であったと思います。人格や識見、判断力、勇気を問い、その鍛錬に向かわせるようなことをしなかった。とにかく成績優秀ならばよい。海軍においても、もちろん同じことがいえます。実際、ただの受験エリート、学校秀才、頭がいいだけで狡《こす》っ辛いような男がいく人も参謀になって幅を利かせていくのです。

さて、大学校を卒業した者たちは専門に分かれていきました。たとえば海軍の航空参謀、水雷参謀。これらはきわめて専門性の高い特殊な世界ですから、スペシャリストの参謀として長らくこれに邁進することになります。が、しかし、情報参謀、作戦参謀、戦務参謀、軍務参謀ということになると話はちがう。持ち場が動くのです。

しばらく参謀をつとめたあと、なにか大きな艦の艦長になり、また陸に上がって海軍中央の重要な椅子につき、そして司令官に抜擢される。そのあと参謀長に昇進し、次は司令長官にと、ジグザグに移りながら。たとえば開戦時の連合艦隊参謀長を務めた宇垣纏《まとめ》は、軍令部参謀、ドイツ駐在、戦隊参謀、艦隊参謀、戦艦「日向」艦長、軍令部作戦部長、戦隊司令官といった軍歴を経て連合艦隊参謀長になっている、といった具合です。

要するに日本の場合は、参謀というポストは実質的に上に行くための踏み台と化していたのです。

なぜ特異な立場にあったのか

あらためて申しますが、参謀とは、陸軍では旅団以上の戦闘部隊を、海軍の場合は戦隊以上の戦闘部隊を統帥する職務を補佐する者のこと。もう一つ、参謀本部や軍令部において軍の行動計画を立案し命令を起案するといった、いわゆるスタッフであります。ですから日本の参謀は、海軍でも陸軍でもそうですが、責任がない。

責任をとる必要がない代わりに、海軍の場合は命令ができない、というきまりになっていました。参謀はあくまで参謀長の下にいて、意見具申をするという立場に置かれた。また参謀長とて、たとえば潜水戦隊に「出撃をやめろ!」などと言う権限はありません。命令は原則として最上位の指揮官にしかできないことでした。

参謀になぜ責任がなかったのか。これはもう、明解なあっさりした理由です。責任をとらせると、うろたえたり、いじけたりして、自由な発想が阻害される。斬新な作戦構想を練ることが参謀の任務である。それゆえ、その作戦を採用した指揮官が全責任をとるシステムのほうがいい、というわけです。つまり、参謀重視という日本型リーダーシップから当然出てくる考え方であったわけです。

では、配属はどのように決まったのか。海軍の場合、連合艦隊司令長官は、某が欲しいと希望を出すことはできますが、しかし決定権はありません。参謀長はじめ参謀たちを自分で選ぶことはできなかったのです。だれが選んだのかというと海軍省のトップ、海軍大臣です。海軍大臣は人事局長と相談をし、もちろん軍令部総長にも相談します。その上で、参謀を任命して連合艦隊にさしむけた。つまり連合艦隊司令長官は「イヤなやつが来たな」と思っても受け入れざるをえなかったのです。開戦時に国家の興廃を背負った山本五十六でさえ、一度は断れたが二度はダメで、ウマの合わない宇垣纏少将を参謀長におしつけられています。海軍の登用人事は終始このようなきちんとした官僚スタイルでした。

陸軍の場合は、参謀本部が参謀を選んだ。たとえば連隊長とか大隊長、そういう役職の者は陸軍省のトップたる陸軍大臣が選ぶのですが、参謀に関する限り、任命権は参謀総長が持っていたのです。ですから陸軍には、「大本営派遣参謀」というとんでもない役職、責任がなくても命令できる仕組みがありました。陸軍の場合、責任のない大本営派遣参謀が自分が策定した作戦を、現地の指揮官に「実行せよ」と命令する、それができた。これはいけません。参謀重視が指揮系統を混乱させ、ときに合理的な判断を狂わせたといわざるを得ません。

アメリカの抜擢人事

アメリカではどうかというと、大統領が軍統帥権をもち、リーダーシップを強力に発揮できるしくみになっていました。真珠湾攻撃の直後、ルーズベルト大統領は、合衆国艦隊兼太平洋艦隊司令長官だったハズバンド・キンメル大将と作戦部長（日本の軍令部総長にあたる）のハロルド・スターク大将を更迭します。代わってアメリカ海軍の頂点で指揮することを任されたのは、アーネスト・キング大将、六十三歳。大統領は、彼に合衆国艦隊司令長官と作戦部長を兼任させ、指揮権を与えたのです。ただしキングはことごとに大統領に上申し、その許可を仰ぎます。

アメリカには太平洋と大西洋の二つの艦隊があって、それぞれに司令長官がいます。合衆国艦隊司令長官はその上に位置して全艦隊を統括する最高指揮官でした。日本海軍でいうならば、永野修身軍令部総長と山本五十六連合艦隊司令長官を合体させたようなものですから、いかにキングの権限が大きなものだったかがわかります。

キングが最初に何をしたかというと、海軍の将官クラスをずらりとならべて隈なく見渡して、チェスター・W・ニミッツ少将の太平洋艦隊司令長官への登用という思い切った人事でした。ニミッツ少将はそのとき五十六歳で航海局長（日本の軍務局長的な存在）。日本でいう軍令承行令では二十六番の将校でした。異例の抜擢でそのニミッツを任用しました。なにしろ太平洋艦隊は大半の艦船を失った逆境からのスタートです。この危機に際して艦隊のトップとして必要なのは、気魄と自信、部下からの信頼、そしてなにより闘志でした。この抜擢は的を射ていました。真珠湾着任直後のクリスマスの晩に、将校クラブでニミッツが行った演説はつとに知られています。その第一声を紹介します。

「テキサス男がなぜ海軍に興味をもったのかというと、エビという海の動物を見たからだった。海の王者ともいわれるエビは、体のカラが生え変わるときは岩穴にじっと潜んで時を待つという。諸君、騙し討ちにあったわれわれは、いまそのエビなのである。カラが生え変わるのを忍耐強く待っているのである。一刻も早くカラを生え変わらせて、ふたたび海の王者として君臨しようではないか」

ニミッツはユーモアをまじえつつ信念を堂々と述べたのです。真珠湾の不運はだれの身にも起き得たことと、キンメル時代の幕僚たちの責任を追及することなく、ほぼそのまま引き継いだことも好感視され、敗北感一色だった艦隊の士気と規律を一気に回復させたといいます。米海軍においては、平時でさえ長官と幕僚はセットで異動することが多かったことを考えれば、これはきわめて異例の措置です。幕僚たちは「よし、名誉挽回！ この指揮官のためにも！」とばかりにやる気を起こしたことでしょう。人間心理をとらえ協調性に富むニミッツならではの判断でした。

不運を幸運にかえたニミッツ

しかし、米太平洋艦隊司令長官ニミッツ大将（即座に進級）が負わされた責務とは、まことに重いものだった。なぜなら早晩はじまる日本海軍の次なる作戦によって、もし米機動部隊を撃滅されたならば、日本の連合艦隊に米太平洋岸を襲撃されることにもなりかねない。そして日本艦隊がパナマ運河に迫ることとなったとき、アメリカの戦争遂行の努力、そして国民の士気に与える影響はどうなることか。少なくとも国民の意識は太平洋に集中し、ヨーロッパから遠ざけられる。つまり、第二次世界大戦の全局面が変わってしまう可能性があったのです。そんな緊迫した状況にあってニミッツは、日本海軍の次の攻略目標がミッドウェイであることを暗号解読と電文傍受によってつきとめます。

ところが迎撃準備が着々とすすむなか、思わぬ事態が起きます。機動部隊の指揮官、五十九歳のウィリアム・ハルゼイ中将が悪性のジンマシンを発症して入院してしまったのです。このときもニミッツはあわてませんでした。重要な一戦を戦う最適のリーダーが倒れた以上、その男が推薦する者を後任に据えるのがセカンドベストであると判断します。これとてハンモック番号至上主義の日本海軍にはありえない臨機応変な人事でした。

ハルゼイが推し、後をうけたのが、五十五歳のレイモンド・スプルーアンス少将です。スプルーアンスはハルゼイの機動部隊を護衛していた重巡洋艦の戦隊の司令官でした。彼に航空のキャリアがまったくないことを問題視するむきもあったのですが、昭和十七年（一九四二）四月の東京初空襲など、いっしょに戦ってきたハルゼイが推すならばと、ニミッツの決断は揺るがなかった。期待に応えたスプルーアンスはものの見事にミッドウェイ海戦で南雲艦隊を撃破するのです。この戦いのことはまたあとに出てきます。こうして彼はニミッツの頭上の暗雲を吹き払う立役者となりました。

このあとニミッツは、猪突猛進型のハルゼイと緻密慎重派のスプルーアンスという好対照な指揮官に、大機動部隊を代わるがわる指揮させることになります。ハルゼイ麾下では第三艦隊、スプルーアンスのときには第五艦隊とその名を変え、数カ月ごとに司令官以下スタッフごと全部入れ替えて、休養をとらせ、つぎの作戦にそなえさせた。これなど日本側には想像もつかない米海軍独特のシステムでした。ですから、日本海軍はまったく別の二つの大機動部隊があるのかと誤判断していました。乗っている空母は同じです。ただ艦隊司令部だけがそっくり入れ換わるだけなのです。以降、日本海軍はつぎつぎと敗戦を重ねていきます。まさに、「このふたりにしてやられた」と言っていいほどに。

アメリカの人事制度に負けた日本海軍

ところで、当時のアメリカ海軍士官の特別な何人かをのぞき、最高階級は少将であったことをご存じでしょうか。平時だろうと、戦時だろうと同じです。艦隊の司令長官や、あるいは海軍作戦部長といったポストにつくと、中将や大将となるのですが、そのポストからはずれると、もとの少将に戻る。つまり少将が数多くプールされていて、トップリーダーは戦局に応じて最適の人材を選ぶことができたのです。このプロジェクトにはだれが一番いいかをよく見ている。これまたアメリカ海軍独特の人事システムでした。

「もし、山本五十六みずからが、機動部隊を率いてハワイを攻撃したらどうなっていたか」

これはわたくしにたびたび投げかけられる質問です。真珠湾が奇襲された十二月七日、スプルーアンスをのせた重巡洋艦「ノーザンプトン」はホノルル西方二〇〇マイル、ハルゼイの空母「エンタープライズ」は同じくホノルル西方一五〇マイルの地点にいました。いずれもグアム島から真珠湾への帰路途上です。もし、山本五十六が真珠湾に行ったのならそこに居座って、第二次攻撃を敢行して石油タンクや軍事施設をつぶすのみならず、索敵をおこなってこの米艦隊を見つけ出し、きっと敵空母を轟沈させていたことでしょう。ハルゼイとスプルーアンスがもしここで戦死していたら、太平洋戦争はどうなっていたかわかりません。日本はミッドウェイで惨敗することなくガダルカナルを奪われることなく……いや、やはりダメか。優秀な少将がプールされているから、残念ながら次なるハルゼイとスプルーアンスがでてくるだけとなったのか。

ともあれ太平洋戦争緒戦において日本海軍は、火器・兵器など物量の差などではなく、アメリカの人事の妙にしてやられたのでありました。

ついでながら、アナポリス・アメリカ海軍兵学校のハルゼイの卒業席次は六十二人中四十三番と、まことに芳しからざる位置。スプルーアンスは二百九人中二十一番と、こちらも「天保銭」にはとてもおよぶものではなかったことをつけ加えておきます。

卒業席次の話でいうと、日本の陸軍でも海軍でも、中央部つまり東京にいるトップの連中の士官学校や兵学校の卒業成績はすこぶるいいものばかりです。それに比べると、戦場であっぱれなリーダーぶりを示した人たちは、ほぼ共通して優等生でない人ばかり。勇猛な駆逐艦長なんて成績よろしからず組が多い。これが海軍でいうハンモック番号ということで、大佐あたりまでは断然、この卒業席次がものをいい続けます。よほどの失敗のないかぎり優等生は、着々と決められたエリートコースを歩むことになる。よほどのことがないかぎり、抜擢人事なんてない、とみたほうがいいのです。

面白い話をひとつします。山本五十六は海兵三十二期、卒業席次は百九十二人中十三番。同期の一番は堀悌吉で、同じく同期の嶋田繁太郎は二十七番。この期は卒業し少尉候補生となったとき、ちょうど日露戦争の日本海海戦に遭遇します。それですぐに戦場に出ました。そのときに彼らが乗艦した艦は、というと、堀は旗艦でもある戦艦「三笠」、山本はできたての重巡洋艦「日進」、嶋田は古い巡洋艦「和泉」、もう最初から配属に差がついているのです。それが日本の軍隊というもので、あるいはいまの日本の会社もそうかもしれませんがね。

＊海軍大学校入試の答えの一例

$(3-3)\times 3=0$　$\sqrt{3}\times\sqrt{3}\div 3=1$　$(3+3)\div 3=2$　$3+3-3=3$　$3\div 3+3=4$　$3!-\frac{3}{3}=5$

$3\times 3-3=6$　$3!+\frac{3}{3}=7$　$\left(\frac{3!}{3}\right)^3=8$　$3+3+3=9$　$3.3\times 3=9.9\fallingdotseq 10$

第三章

日本の参謀のタイプ

日本でもトップに立つ人は、せめて参謀長の人事くらい自分で決めるべきでした。切っても切れないコンビとなるわけですし、参謀はすべて参謀長が直率するものなんですから。陸大・海大出はみなひとしく優秀なのであるからだれでも大丈夫、という理屈だったのでしょう。さらに優秀な参謀長の下に、専門家である優秀な参謀がつくのだから、上に乗っかるだけのリーダーは何も知らなくてよい、という日本型リーダーシップの論理につながっています。「だれでも大丈夫」どころか、参謀たちは、人によってまったく異なる個性を発揮しています。日本型リーダーシップを考えるためには、そもそも参謀とは何なのか、どういう仕事をするのか、さらには参謀はいかにあるべきか、という難問にとり組む必要があります。

そこでわたくしの考える「参謀とは何か」について、これから長々と述べることになります。大きく分けて、日本の参謀には六つのタイプがあった。現代の企業組織でも、この分類に照らしてみるといろいろ見えてくるものがあるかと思います。

①書記官型

まずは書記官型。側近型、あるいは優秀な事務方といえばイメージしやすいかもしれません。指揮官の代わりに細々したことは全部引き受けて、書面にまとめるのが巧い。ですから書記官としてそばに置いたらまことに便利です。ま、参謀の多くはこのタイプが多かった。とくに陸軍ではこのタイプがいちばん多かった。陸軍の参謀は書類を作成するのが速くて、うまかった。それで陸海軍合同の参謀会議などやると、陸軍のほうが常にドサッと山のように資料を用意してきて、机の向こう側に座るので、海軍はいつも太刀打ちができなかったといいます。

瀬島龍三はその代表格です。わたくしも何回か会っておりますが、じつに理路整然と過不足なくしゃべった。頭がいいんだな、というのがよくわかりました。瀬島は明治四十四年（一九一一）、富山生まれ。陸士を次席で卒業し、陸大は首席で恩賜の軍刀をもらい、「御前講演」をやっています。講演の主題は「日本武将の統帥に就いて」だそうです。

昭和十四年（一九三九）一月に関東軍隷下の第四師団参謀として満州に赴任しますが、同年十一月には中央にもどり、参謀本部作戦部作戦課勤務となりました。参謀は、ふつう中枢と前線を二、三年単位で動きます。大本営に二年ほどいて方面軍に転出してまた戻る、というのが通常のコースでしたが、彼はたいへん珍しいことに、二十七歳から三十三歳までの六年間、ずっと大本営中枢におりました。太平洋戦争のはじまる直前から参謀本部にいて、終わる直前に関東軍参謀になった。それで「陰の参謀総長」ともいわれたといいます。しかも、彼が席を置いた作戦部は、陸大の優等ばかりが集まる奥の院でした。

大本営の作戦参謀として席をならべていた朝枝繁春は瀬島のことを、「要するに茶坊主だった」と評しました。瀬島は作戦参謀時代の初期、参謀総長の杉山元大将について宮中への上奏のカバン持ちをしています。杉山はいい加減な返答をして天皇陛下に怒られてばかりいたので、瀬島を連れていって、車の中でたっぷりレクチャーを受けてから上奏にのぞんだといいます。天皇から質問されたらその場で答えなければなりませんから、奉答資料を瀬島がつくっています。この「上奏綴り」という資料が防衛省防衛研究所に残されているのですが、じつに見事な内容で、一見して驚いたのを覚えています。そばにいたら手放せなくなるタイプですね。

瀬島の文書が陸軍上層部から愛されたのは、彼らが気に入るように書いたからと見る向きもある。どんな負け戦さも勝ちにかえてしまうような文章の巧さがあった、と。わたくしは何人かの人が「あいつの立てた作戦など、砂上の楼閣もいいところだ」と酷評するのを聞いています。たしかに瀬島は戦場をまったく知らない軍人官僚といっていいでしょう。

秀才が立てた作戦

ところで「捷号《しょうごう》作戦」をご存知でしょうか。「捷」とは一気に勝つという意味でつけられました。昭和十九年（一九四四）七月、それまで大本営陸海軍がアメリカに奪われることはありえないと豪語していた「絶対国防圏」の要衝、サイパン島が奪われます。追いつめられた大本営は、あらためて防衛線を引き直し、決戦態勢をかためることになって起死回生の作戦計画を策定します。それが「捷号作戦」でした。一号から四号までありました。

この「捷一号作戦」のもとで行われた十月の台湾沖航空戦は、帰還したパイロットの報告から大戦果をあげたと大本営は発表。いわく「航空母艦三隻、艦種不詳の三隻撃沈……」など、連日にわたって次々と景気のいい発表が続きました。戦果はふくれあがり、敵空母は十一隻も沈没したことになって、ついには「ハルゼイ艦隊壊滅」説までとびだす始末。ひさびさの大勝利のニュースに民衆は、手に手に日章旗を振ってバンザイ、バンザイと、町をくまなく歩きました。十四歳のわたくしも参加しています。

この大勝利に乗じて、参謀本部はルソン決戦を急遽変更し、レイテ決戦に方向転換をします。台湾沖航空戦に敗れて弱体化したアメリカ艦隊を叩くのは、いまをおいてほかにないとの判断でした。ところがじっさいは、台湾沖で重巡洋艦二隻が大破したにすぎず、敵は撃滅どころか無傷といえるほどだったのです。それでこの作戦変更が裏目に出ました。あとはもうご存知のとおりです。アメリカ艦隊に補給路を断たれ、送りこまれた部隊は孤立。レイテ島は玉砕の島となりました。

じつは、当初から台湾沖の大戦果は「どうもあやしい」とにらんでいた情報参謀がいました。すでに何度か出てきた堀栄三中佐です。「この戦果は信用できない。多くても二、三隻、それも空母かどうかも疑問」と、出張先から参謀本部へ電報を打っていました。

この重要な電報を握りつぶしたのが、だれあろう瀬島龍三ということなんです。このとき瀬島は、作戦課作戦班の「捷一号作戦」担当責任者でした。作戦にかかわる電報や情報の価値判断を下し、それをどのように生かすかを決める権限は作戦班にあったから、瀬島が独断で堀の電報を握りつぶすことなど雑作もないことだった、そう考えられます。

握りつぶされた情報

作戦課と情報課とは、どこの国の軍部でも対立しがちですが、わが参謀本部においてはそれが際立っていました。奥の院、エースのエースである作戦参謀は、情報参謀がもたらした情報なんか当てにしません。余計なお節介でしかない。天上天下唯我独尊です。

こんな例を参謀本部の情報課ロシア班にいた林三郎大佐が語ってくれました。昭和十六年一月、「ドイツの英本土上陸作戦の成功の確率は少ない。なぜなら対英上陸舟艇の集結状況がこれこれだから」という情報を、スウェーデンにいた情報部所属の武官から伝えてきた。ところがなんと、作戦課が林参謀を呼びつけて、「ドイツ軍のことは、今後いっさい口出しをするな」と怒鳴りつけた、というんですよ。これが瀬島であったとは林さんは言いませんでしたがね。

「太平洋戦争の敗北は軍部が情報を軽んじた結果である」とはよく言われることですが、「太平洋戦争の敗北は、参謀本部作戦課が情報課を軽んじた結果である」と言い換えたほうがいい。ちなみに堀栄三は作戦課への配属を希望していたのだが、作戦課は陸大の成績で五番以内の「軍刀組」でないと容易に配属されない不文律があり、堀は六番であったために情報課への配属になったのだそうです。

労作、『瀬島龍三　参謀の昭和史』（文春文庫）を著した保阪正康さんは、瀬島をよく知るある参謀から、こんな人物評を聞いておられます。これ以上瀬島の本質を突いた評もなかろうと思われるので、そのまま紹介させていただきます。

「瀬島という男を一言でいえば、〝小才子、大局の明を欠く〟ということばにつきる。要するに世わたりのうまい軍人で、国家の一大事と自分の点数を引きかえにする軍人です。その結果が国家を誤らせたばかりでなく、何万何十万兵隊の血を流させた。私は、瀬島こそ点数主義の日本陸軍の誤りを象徴していると思っている」

ま、書記官型の参謀が、つまり戦う現場をまったく知らない秀才が、点数主義の参謀が、机の上だけで考えた必勝の策なんてロクなものじゃない、ということです。ところが、とにかく非の打ちどころのない作文に頼りやすいのが上の人間なのです。軍隊だけの話ではありません。それにしても、情報の独占はよくありません。

②分身型

つぎが分身型。あるいは代理指導型と言ってもいい。自らも判断しつつ、指揮官をその身になり代わって補佐するタイプです。たとえば「こういう作戦を実施するにあたって、進め方を考え、計画書を作ってくれ」と頼まれると、まるで自分が司令官であるかのような気持ちになって進めてしまう。ちなみに先の、書記官型の参謀は言われたとおりのことるだけを完璧にするだけで、このタイプのように、司令官が考える以上のところまで構想することはいたしません。

「分身型」の草分けは海軍中将秋山真之です。司馬遼太郎さんの『坂の上の雲』の主人公で、NHKでドラマ化されましたから、いまや秋山真之を知らない日本人はいないといっていいほど有名ですね。秋山真之は慶応四年（一八六八）松山生まれ、兄は陸軍大将で「日本騎兵の父」と言われた秋山好古です。

連合艦隊司令長官東郷平八郎が、「ロシア艦隊を撃滅したい。すべてを任せる」と参謀長の島村速雄少将に言い、さらに島村から作戦の立案を委ねられたのが参謀の秋山真之少佐でした。ときに秋山、三十五歳。東郷の期待に応えて、秋山は夜も寝ずに部屋にこもって「連合艦隊戦策」をまとめ上げています。島村はのちに「海上作戦は、すべて彼の頭脳から出たものです。彼はその頭に、こんこんとして湧いて尽きざる天才の泉というものを持っていたのです」といっています。ま、秋山のことは、いまはあまりにも有名なので語る元気がでません。少々、「智謀湧くが如し」などとかいかぶりが多すぎる気がしますが、とにかく全力をつくして、必勝作戦を東郷の代わりにつくりあげたのは確かです。

昭和の分身型参謀

さて問題は太平洋戦争のほうです。いっとき「昭和の秋山真之」と呼ばれるほどの名声を博したのが黒島亀人大佐（海兵・海大卒）でありました。この人が山本五十六の分身となって、山本の構想に発するハワイの真珠湾軍港への奇襲作戦を細かくねりあげます。黒島は明治二十六年（一八九三）広島県生まれで、海兵四十四期、卒業成績九十五人中三十四番。ところがその後は猛勉強して海大卒。眼窩がくぼみ痩せていたため「ガンジー」とあだ名されました。「仙人参謀」「変人参謀」とも呼ばれたのは、その挙動からきています。素っ裸で艦内を歩き回ったり、香を焚いた私室に昼夜こもりつづけて作戦を考えたり。しかし山本五十六はその発想の独創性を高く買っていました。

簡単にハワイ作戦の経過をいうと、山本はまず、航空畑の大西瀧治郎少将に非公式ルートで作戦の立案を依頼しました。大西は第一航空艦隊参謀の源田実中佐に相談し、ふたりでたてた計画を、さらに山本は信頼する黒島亀人に渡し、徹底的に研究せよと命じました。山本は真珠湾攻撃を大型航空母艦四隻「赤城」「加賀」「蒼龍」「飛龍」でやる肚づもりを決めます。「瑞鶴」「翔鶴」はマレー上陸作戦を担当するよう計画していたからです。ところが黒島参謀が、六隻でなければぜったいダメですと強く主張。山本は最終的にこれを飲んで、じっさいそのようになります。つまり、洋上燃料補給の問題、ハワイまでの進撃コース、機動部隊の編成など、押さえなければならない細かい懸案をすべて黒島が考え、作戦を策定し、山本がそれを認可してハワイ作戦ができあがったのです。

ハワイ作戦に猛反対する軍令部を説き伏せるために、山本に命ぜられて黒島は、わざわざ瀬戸内の柱島の連合艦隊から霞が関に乗り込んでいきます。ぜったい承認できないと突っぱねる作戦部長の福留繁少将と同課長の富岡定俊大佐に、こういって凄みました。

「軍令部はハワイ作戦を放棄せよということですか。それならば山本長官は辞職すると言っておられる。われわれ幕僚も全員辞職しますッ」

幕僚はともかく、山本五十六は天皇の勅命によって長官になったのですから、自ら辞職することなどできません。黒島は必死だったのでしょうけれど、この言葉になると、代理の立場をかなり逸脱したものということになります。しかしこれが功を奏して、軍令部総長永野修身大将の「そんなに山本に自信があるというなら、希望どおりやらせてやろうじゃないか」という最高責任者らしからぬことばを引き出し、作戦が正式に決定します。十月十九日のことで、十二月八日には開戦ですから、ギリギリまで作戦は決まっていなかったことになります。

ところで、秋山参謀はものすごく評判がいいのに、黒島参謀はクソミソにいわれています。なぜなのか。そこには参謀を選ぶ場合の注意すべき大事な点がひそんでいます。

秋山は作戦参謀になる前に、海軍大学校の教官をしており、日露戦争がはじまったときの艦隊や戦隊の若い参謀たちにはよく知られている人物だったということです。秋山の策定する作戦計画が、誤解されることなくほぼ全艦隊に理解されました。いっぽう黒島はほとんど誰にも知られていない軍人でした。ただ山本五十六だけが海軍の常識から逸脱しているその発想ぶりを大いに評価していたのです。ですから、ハワイ作戦もミッドウェイ作戦も、機動部隊の司令部の参謀たちには、その作戦目的が正しく理解されないままに決行されることになる。黒島の異名が、先任参謀をもじって変人参謀、あるいは仙人参謀であったことが、そのことをよく物語っています。要は、同じように変わり者ながら、秋山は尊敬されていた、黒島は軽蔑されていた、ということになりましょうか。

「史上最大の作戦」の参謀長

アメリカ側からも分身型参謀をひとり紹介します。連合軍最高司令官アイゼンハワーの参謀長をつとめたウォルター・ベデル・スミス少将です。

イギリスに集結した連合国軍のフランス海岸への上陸作戦、ご存知「ノルマンディー上陸作戦」は、一九四四年六月六日、暗号名「Dデイ」として決行されました。じつは「Dデイ」決定の陰の立役者が、このスミス少将であったとわたくしは考えています。

総司令官アイゼンハワー大将が「Dデイ」決定のためにおもな司令官たちを集めたのは、前々日の六月四日の夜のことでした。このときすでに二十万人以上の将兵が海岸線に待機し、船や飛行機にとじこめられ隔離されたままでいます。ひどい低気圧がドーバー海峡にあって、海は大荒れです。

イギリス南岸のポーツマスにおかれた連合軍司令部の本部で議論がはじまります。低気圧のため決行が危ぶまれていたからです。気象専門家による報告のあと、侃々諤々《かんかんがくがく》の議論となるのですが、すぐ決行だ、いや延期だと、四人の司令官の主張がおりあわず結論がまとまりません。延期か決行か、アイゼンハワーは最後に四人の司令官たち一人ひとりの意見をもとめました。結果は二対二でした。スミス参謀長がアイゼンハワーに最終判断をせまります。アイゼンハワーは何分か沈黙したあと、延期ではなく速やかな断行を宣言したといいます。翌朝の、最新天気予報が確認され、短い会合で「Dデイは六月六日火曜日」と決定されたのです。

さて、アイゼンハワーの分身たるスミス参謀長がやったことは何か。じつは六月四日の会議そのものにスミス参謀長の深謀遠慮がありました。陸軍と海軍の指揮官は決行賛成、空軍と航空輸送部隊のそれは反対と、真ッ二つに分かれた。じつは、賛否が二対二になったのは、スミスがあらかじめ四人の指揮官に頼んで仕込んでいたことだったのです。

アイゼンハワーは意見が二つに割れたときに自分が決断する、それが好きな将軍でした。全員一致で決行を進言し、それで決定するというのでは、最高司令官としての決断の醍醐味は薄れます。アイク（アイゼンハワーの愛称）がその安易さを好まないことを、スミスは知っていました。総司令官のそんな性格をわかっていたスミスは、二対二の状況をわざとつくったうえで「将軍、決断をお願い致します」と迫る。アイクは鷹揚にうなずき、「よろしい、でかけよう」と答えました。総司令官に最終決断の花を持たせることで、史上最大の作戦がはじまった、というわけなんです。

分身型の参謀はやりすぎると危険ですが、控えめならまことに有能、ということになりましょうか。しかし、人間は自分の功を誇りたいのが常です。そんな脚光を浴びたい欲望を抑えて、すべてをリーダーにゆずるなんて、なかなか言うはやさしく行うは難しというのがほんとうのところでしょう。

③独立型

三番目が独立型です。専門担当型と言ってもいい。リーダーの立場を反映するように努めるが、最後は独立的におのれの信念を通すタイプです。

このタイプの筆頭が石原莞爾《かんじ》でした。石原は明治二十二年（一八八九）、山形県鶴岡に生まれました。陸士の卒業席次は六番、陸大は次席の恩賜の軍刀組です。陸大卒業時、ほんとうは成績はトップだったのだけれど、身なりを気にしない男でしたし、何を言い出すかわからないことを上層部が心配して、御進講をさせないために二番に落としたらしい。つまり型にはまった学術優等・品行方正の将校ではなかったのです。

あたりかまわず遠慮会釈なしに他を酷評する峻烈さと、いったんこうと信じれば反抗も辞さない姿勢は多くの人に嫌われました。とくに上長の者が嫌った。その独立不羈の異端児ぶりが上層部に敬遠され、関東軍作戦参謀までの経歴をみると、陸大優等卒としては異例の二流コースを歩んでいます。

その反面石原は、部下からはずいぶん慕われていたようです。「オレが上官のあいだは無駄死にはさせない」と言い、兵士といっしょの飯を食い寝起きもする。でも上官に対しては言うべきことをきちんと言ってくれるので信頼も厚かった。陸軍士官学校三十四期の三羽烏といわれた西浦進、堀場一雄、服部卓四郎が、戦後になって陸軍の名将はだれかと問われ、三人そろって一位にあげたのが石原莞爾でした。

昭和四年（一九二九）五月、関東軍作戦参謀の石原は満洲（中国東北部）の長春で板垣征四郎大佐と出会います。板垣は張作霖爆殺で退役処分になった河本《こうもと》大作大佐の後任として、関東軍高級参謀に赴任してきました。高級参謀とは、参謀長が関東軍全体に目を配るのに対して、早くいえば司令部参謀たちのとりまとめ役です。石原は日本の国防上ならびに国力増強のために、いち早く満洲を確保すべしという構想を持っており、板垣がこれに共鳴。満洲事変はこの結びつきによって起こされました。板垣は石原をこう評しています。「石原君は日本陸軍でも有名なナポレオン研究家で、戦略知謀にかけてはまず独歩といってよい。満洲事変の作戦は石原君の平素の研究に基づく点が多い」

石原莞爾は「世界最終戦論」という持論をもっていました。準決勝でソ連とアメリカが戦ってアメリカが勝つはずだから、それまで日本帝国はしっかり満蒙を押さえてじっくり力を蓄え、来るべき最終決戦に備えるべきだと。彼の中では満蒙領有は、その一段階に位置づけられたものでした。

惜しい頭脳

いい悪いはべつにして、当時、独自の世界戦略をもち、これだけ壮大なスケールの構想をもっていた人はいません。先ほどお話しした陸大教育のいびつな内容を考えると、彼のような天才肌でユニークな人材が出てきたのは稀有なことでした。

とはいうものの、彼が満洲事変で軍律に違反しながらなし崩し的な成功をおさめてしまったことは、勲功さえ立てればどんな下剋上の行為を犯そうが、やがては勲章モノとなる、という悪風を陸軍内部に蔓延させるきっかけをつくってしまった。まさに「勝てば官軍」という風潮です。これ以降、陸軍は、命令系統を無視することに頓着しない、謀略優先の集団に成り果ててしまうのです。しかも石原が表舞台にいたのは日中戦争のはじめまで。対中国戦争不拡大方針を唱える石原は、陸軍中央の大勢を占める拡大派に疎まれて、関東軍の参謀副長に左遷されてしまいます。軽蔑していた参謀長の東條英機の下におかれたのですから、これはあからさまな、嫌がらせ人事でした。案の定、東條と激しくぶつかりました。関東軍や官僚、財閥が満洲の政治経済全部を支配し、満洲は完全な植民地と化していたからでした。本来であれば、最終戦争に向けて中国とも協調して国力を蓄えるはずが、逆の事態になっていることに石原は激怒したのです。

けっきょく石原は舞鶴の司令官、ついで京都の師団長へと追いやられ、陸軍中央から離れたまま昭和十六年（一九四一）には予備役となって陸軍を放逐されてしまいます。彼は東條を「東條上等兵」と呼んでバカにしていましたが、たしかに東條とはいろんな意味で対照的な個性の持ち主でした。

けっきょく石原は、外に広げた人脈ばかりを頼り、軍内部に頼れる同志をつくることができなかった。「陸大創設いらいの頭脳」と呼ばれた優れた着想を、組織内で実現させる根気にも欠けていました。この独立型の天才は中枢から遠ざけられ、やがて孤高の自信家にすぎなくなってしまったのです。

沖縄持久戦を主張

そしてもうひとり、独立型の参謀をあげます。沖縄防衛軍の作戦参謀だった八原《やはら》博通大佐は一般にはあまり知られていません。八原は明治三十五年（一九〇二）、鳥取県米子生まれ。陸大には最年少で入学し五位の成績で卒業。彼も恩賜の軍刀組でした。

沖縄防衛戦の総指揮を託されたのは牛島満《うしじまみつる》中将です。沖縄防衛戦というと、「仏の軍司令官」牛島と、「鬼の参謀長」長《ちょう》勇《いさむ》少将の凸凹コンビが有名です。明治二十年（一八八七）、鹿児島県生まれの牛島は、小柄な長とちがって背が高く堂々たる将軍の風貌をもっていました。「軍服を着た西郷」と呼ばれ人望高く、陸軍の教育者として、戸山学校、予科士官学校、陸軍士官学校と、三つの学校長をつとめています。

いっぽう長は、明治二十八年（一八九五）、福岡県生まれ。やはり陸士・陸大出ですが、大酒飲みの暴れん坊、剛胆な武人でした。たがいに信頼し合う良好な関係にありましたが、じつは防衛戦の作戦立案においては、長の下にいた高級参謀八原博通大佐が、まことに重要な役回りを果たすことになるのです。

八原はアメリカ通で、徹底した合理主義の持ち主でした。彼は決戦主義には反対の戦術観をもっていました。あとで述べます硫黄島防衛の栗林忠道兵団長の戦術を学んでいたのかもしれません（二〇三ページ参照）。数倍いる米上陸軍を迎えて決戦を挑むのは無謀であり、持久こそがとるべき唯一の策。上陸地点は明け渡し、沖縄南部に全軍を集め、首里城付近に堅固な陣地網をつくってそこに敵をひきつけ出血を強要する。これ以外に沖縄防衛の最善最良の方策はないと八原は主張した。長参謀長は兵力不足の現状では、それ以外に策はないであろうと、これにしぶしぶ賛同しています。

八原の戦術観の背景にある戦略イデオロギーはつまり、劣勢軍が苦境の下で優勢軍に攻勢をしかけるのは「無鉄砲」の標本であって、結果は自殺であり、玉砕である。玉砕はその名称は壮なりといえどもその実は無益の死にほかならない、あくまでもそれを避けるのが統帥の本道である、というものだったのです。

太平洋戦争の最終局面にいたった昭和二十年（一九四五）四月一日。アメリカ軍は勝ちに乗じてものすごい大部隊を投じて一気に沖縄にやって来ました。軍艦一千三百十七隻、航空母艦に乗せた飛行機一千七百二十七機、上陸部隊十八万人。誰も見たことのない大軍です。迎え撃つ日本軍は、牛島満中将が指揮する第三十二軍六万九千人、大田実少将の海軍陸戦隊八千人の合計七万七千人です。大本営は圧倒的劣勢をカバーするために、満十七歳から四十五歳までの沖縄県民男子二万五千人を動員し、さらに男子中学校の上級生一千六百人と女学校の上級生六百人までも動員しています。

大本営海軍部は残っている軍艦もすべて投入することに決め、戦艦「大和」を中心とする艦隊が特攻作戦で、四月六日に沖縄へ出撃していきました。翌七日、大和隊は九州坊ノ岬沖で米軍約三百八十機の攻撃を受けて壊滅。二時間の奮戦ののちに「大和」は沈み、乗組員二千七百四十人が戦死、軽巡洋艦「矢矧《やはぎ》」ほか駆逐艦四隻も沈み、九百八十人あまりが亡くなりました（大和隊の特攻については一二九ページの神重徳の項を参照してください）。船ばかりではなく、空からは陸海の十死零生の特攻部隊が敵艦隊に突っ込む、特攻につぐ特攻をおこなったのです。

合理主義が生んだ皮肉

これを見て暴れん坊・長参謀長の血は一気に逆流してしまう。八原参謀の案を入れていったんは陣地防御戦と作戦方針を決していたものの、長はそれを翻し、断乎打って出る肚を固めるのです。長の猛烈なる指導のもとに沖縄防衛軍は総攻撃を敢行して完全に敗退します。長は生命をかけて強行した攻撃が失敗し、腹を切ろうとするのですが、牛島に強くたしなめられ死を思いとどまります。このとき八原は、死に急ごうとする長を尻目に牛島軍司令官に提案しました。最後の死にどころと決めていたはずの首里城の陣地を捨てて、島の最南部に撤退し、持久抗戦を続けることを。

牛島はこれを認可し、新作戦として採用しました。八原はつまり玉砕を避け、「一日でも長く持久して本土決戦のために時間をかせぐ」という、沖縄防衛軍に与えられた使命を守り抜こうとしたのです。

五月三十日深夜、牛島、長、八原は部下たちと一緒に一台のトラックに乗り込み最南端の摩文仁の軍司令部洞窟をめざします。沖縄の戦いは、これ以降二十数日間にわたって続きました。もはやそれは組織立った戦闘といえるものではなく、ゲリラ的なこの持久戦闘は沖縄県民を戦火のなかにまきこんで虐殺させるに等しいものでした。県民の死者は軍関係一万四千八百六人、一般住民十五万六百九十八人。軍人より圧倒的に多数の民間人死傷者を生んだのです。

六月二十三日朝、牛島と長は割腹自殺を遂げました。八原はそのひと月後、司令部壕から脱出して米軍の捕虜となり、戦後を生き延びています。

アメリカ駐在経験をもち、開戦ちかくまでニューヨーク・タイムズを読んでいたといわれる八原の思想のなかには、昭和陸軍の突進主義よりも、アメリカ式戦術観が多く宿っていました。善戦してもなお勝てぬ場合には、降伏も罪にあらずとする観念が心の底に秘められていたのです。日本人が当時、これを「敗北主義」と呼んで排斥していたことを思えば、彼も稀有な独立不羈の参謀でした。

しかしながら、牛島軍司令官に玉砕戦回避と徹底抗戦を主張したとき、すでに南部島尻付近に避難していた多くの沖縄県民を慮《おもんぱか》るこころが、はたして八原博通にあったのかどうか。軍人としてではなく、人間としての正しい判断を下すことはできなかったのだろうか、と思わずにはいられません。非戦闘員である沖縄県民が戦闘にまきこまれ四人にひとりが犠牲となりました。それを考えると、自分の信条あるいは哲学を貫きとおす独立型参謀を、リーダーがどう扱うべきか、考えさせられるものがあります。

④準指揮官型

次は準指揮官型。指揮権を行使してしまう参謀であり、この代表はほかでもない陸軍の辻政信であります。

辻は明治三十五年（一九〇二）石川県生まれ。名古屋幼年学校首席、陸軍士官学校首席、陸軍大学校は三番と、これまた成績は非のうちどころがない。わたくしはなんども取材で辻に会っています。辻は戦後、国会議員になっており、議員会館ではじめて会ったのですが、いきなり「オレのからだのなかには五カ国の敵弾が入っているんだ。見るか」ときた。すぐさま裸になって「最初は上海事変での中国の弾丸、つぎはノモンハンのソ連の弾丸……」といって見せました。これをきっと、会う人ごとにやったでしょう。その話しぶりからは、自らの戦争責任などまったく感じていないふうでした。

ノモンハンの紛争を拡大

昭和十四年（一九三九）、ソ満国境で紛争が発生すると、関東軍作戦参謀の辻少佐は、主任作戦参謀服部卓四郎と相謀って中央の意向を無視し、ひたすら戦局を拡大していきました。そもそもこの事件、相手がもともと曖昧な国境線をまたいで領内に侵入したと言い合った単なる国境紛争です。本来ならすぐ終わってしまうようなもめごとにすぎなかった。ところが辻は、陸軍中央、参謀本部になんら報告することなく、国境を越えた外蒙古領内へ飛行機による爆撃を押し進めます。国境侵犯には天皇の大命がいるにもかかわらず、これを無視したのです。緒戦で慎重論も多く出た関東軍司令部の参謀会議において、辻はこんな強硬論をまくしたてています。

「傍若無人なソ連側の行動にたいしては、国境侵犯の初動において、徹底的に痛撃を加え撃滅すべきである。それ以外に良策はない。また、かくすることは関東軍の伝統である不言実行の決意を如実に示すもので、これによりソ蒙軍の野望を封殺することができるのである」

つまり、中央の意思に反して関東軍が実行した満洲事変の成功をみよ、という意味でした。あれこそ不言実行の手本であった。積極的にことを構えて国威を発揚しようではないか、と威勢よく強硬論をぶつのですが、「勝てば官軍」とばかりに武勲をあげて勲章をものにしたいという本音がそこにはあった。つまり石原莞爾のようになりたかった。辻はあたかも軍司令官のごとくふるまいました。

ソ連軍は、目の上のタンコブの関東軍を撃破するチャンスとみてとって、戦車・装甲車を中心とする大部隊を擁して日本軍を迎撃。戦闘は激化し悲惨が増大しました。事変に参加した日本軍の兵力は約五万六千人、うち戦死八千四百四十人、負傷八千七百六十六人、通算の死傷率は約三十一パーセントという惨たる数字でした。

辻はただただ敵を甘く見て攻撃一辺倒の計画を推進し、将兵たちをこれに従わせたのです。大本営から「拡大すべからず」という命が届いていますが、完全無視です。結果は、関東軍の敗北となります。事変終結後、善戦した師団長らは自殺を強要され、それのみならず捕虜交換でもどってきた将校たちも自殺に追い込まれています。ひどい話です。

将来、過誤を犯す

ノモンハンを戦った第六軍司令官の荻洲立兵《おぎすりゅうへい》中将は、辻のように軍紀を乱す参謀はすぐクビにしたほうがいいと主張したそうです。また、当時の陸軍省人事局長、野田謙吾少将も、「こういう人間を残しておくと将来、大きな過誤を犯すからただちに予備役にしたほうがいい」と訴えた。ところが、辻を残せ、という〝天の声〟があったというのです。その〝天の声〟とは、辻を可愛がっていた東條英機ではないかと見られています。

けっきょく関東軍司令官の植田謙吉が責任を問われ予備役にまわされていますが、辻は参謀に責任を負わせないという陸軍の慣例にもとづき、一時的に閑職におかれるもののじきに復活。二年後に、要職である参謀本部の作戦課に配属され、戦力班長というポジションを得たこともまた、東條の肝いりであった可能性を否定できません。このあと、同じく作戦課長に舞い戻っていた服部卓四郎と、ふたたびコンビを組んで、「北がダメならこんどは南だ」とばかりに南方進出、対米英戦争への道を押し進めるのです。なんとも評しようがありませんね。

さらに辻は、太平洋戦争開戦時にはマレー作戦に参加してシンガポールで華僑虐殺事件を起こしています。シンガポール陥落後、抗日分子を排除するために自ら「掃討作戦命令」を出して、多くの華僑を処刑させたという事件です。処刑をやらされた憲兵の管理者に当たる西村琢磨近衛師団長と、警備司令官だった河村参郎《さぶろう》少将がこの責任を問われ、のちにBC級戦犯として処刑されています。当の辻は、戦犯追及を恐れて逃亡していたから罪に問われていません。

マレー作戦の軍司令官だった山下奉文《ともゆき》は「我意強く、小才に長じいわゆるこすき男にして、国家の大をなすに足らざる小人なり。使用上注意すべき男なり」と辻にたいする酷評を日記に記しています。

シンガポールのあと、辻は大本営派遣参謀としてガダルカナルへ乗り込んでいくのですが、ここでも無謀な総攻撃計画を立てて多くの犠牲者を出しています。作戦をめぐって司令官川口清健《きよたけ》少将と対立し、大本営派遣参謀の立場を利用して川口少将を罷免させます。そしてすべての責任は司令官の川口少将が負うことになった。もうおわかりのとおり、辻は終始一貫、責任を負うことはなかったのです。

評判の悪い辻だが部下からの評価は高いのが不思議です。とくにいっしょに戦った兵隊さんの多くが彼を褒めた。参謀のなかで辻ほど前線に出て行った者はいないと賞賛するのです。逆にいえば、参謀というのは、東京にいるのはもちろん、第一線の司令部でも安全な後方にいて、机に向かってああだこうだとやっているだけで、まったく戦場には出てこない者ばかり、ということです。辻は違うのです。「前線で兵士が苦労しているのを放っておけない」と言って率先して戦場に出ていき、兵隊さんとともに銃をとる。ですから、だれも反論はできません。この種の正論を、辻はしばしば口にしていました。作家の杉森久英は『辻政信』という著書のなかで、「彼のする事なす事は、小学校の修身教科書が正しいという意味で正しいので、誰も反対のしようがなく、彼の主張は常に、大多数の無言の反抗を尻目にかけて、通るのであった」と書いています。

くりかえしますが、参謀はスタッフであり軍の責任者ではありません。にもかかわらず彼の権限逸脱や独断専行を、上官である司令官はあらゆる場面で抑えることができなかった。このことは参謀重視の日本型リーダーシップがもたらした、とりかえしのつかない過誤でした。

ドイツ贔屓の秀才

筋違いにもかかわらず、しばしば指揮権を行使した参謀を海軍から選ぶならこの人、神《かみ》重徳大佐です。あるいは、海軍ではこの人だけかもしれません。終始一貫、「殴り込み戦法」を主唱しつづけました。

明治三十三年（一九〇〇）鹿児島県生まれ。海大は首席で卒業しています。ドイツ贔屓でヒトラー心酔者でした。軍令部にいたころ、上司である井上成美《しげよし》軍務局長に論破され、少々はおとなしくしていたものの、けっきょくこの人が日独伊三国同盟推進論をひっこめることはありませんでした。

神重徳の軍歴の中で、信条とする「殴り込み戦法」がはじめて大戦果を挙げたのが、ガダルカナル島（以下、ガ島とする）攻防をめぐって生起した第一次ソロモン海戦です。この戦さに参加した第八艦隊を指揮したのは、司令長官三川軍一《みかわぐんいち》中将、参謀長大西新蔵少将。神は先任参謀として、旗艦「鳥海」に坐乗しています。

ガ島攻防戦は昭和十七年（一九四二）八月七日からはじまりました。米軍のガ島上陸を阻止すべく、翌八日深夜に第八艦隊が出撃して、敢然として奇襲したのです。数に劣る日本の艦隊がアメリカの大艦隊の中に単縦陣で一気に突入し、その大部分を撃破（重巡洋艦四隻撃沈、一隻大破）。味方にほとんど損傷なしの完勝。しかも戦うことわずか三十三分という急襲の記録もうちたてました。戦場において躊躇も逡巡もない神参謀の「突っ込みましょう」の判断に、大西参謀長も「ただ見事の一語につきる」と賞賛を惜しみませんでした。桶狭間における信長の出陣を思わせる鮮やかさ、とも言われました。

旗艦「鳥海」の副長が「それにしても、今度の作戦は少し無茶ではないかと思っていた」と話しかけるのに神先任参謀が答えたそうです。

「無茶じゃないさ。作戦どおりいったじゃないか。もちろんそれには空襲のなかったことが天佑だった。まったく天佑だった。敵は大艦隊をたのんで眠っていたことが、いけなかったのだ」

従軍作家として「鳥海」に坐乗していた作家丹羽文雄がルポルタージュ『海戦』に、そう描いています。

寡をもって衆に勝つには型破りの「殴り込み」の奇策によるほかない。つねに積極作戦をとることで天佑を呼び込む。このときの成功体験が、神にこうした戦術思想を与えたのです。その背景には神が信奉するヒトラーの〝電撃作戦〟があったのかと思われます。

続く成功が昭和十八年七月の「キスカ撤退戦」でした。北太平洋アリューシャン列島の西端のアッツ島が玉砕したあと、となりのキスカ島が孤立します。守備隊五千二百人を救出する命令を受けたのが、第一水雷戦隊。司令官は木村昌福《まさとみ》少将でした。この出撃に「督戦のため」という名目で、第五艦隊司令部が巡洋艦「多摩」で、実行部隊に同行しました。「多摩」の艦長が神重徳大佐でした。

七月十五日、最初の突入は失敗。二十九日に二度目の出撃となりました。木村昌福司令官は濃霧を待っていたのです。前日の気象状況は引き返した一回目と似たような状況であったため、第五艦隊司令部は判断できずに逡巡します。これを見かねた神大佐が「長官、いまをおいてありません。突入させましょう」と進言。この一言が、米艦隊包囲下の無血撤退作戦を導くことになったのです。この作戦は「奇跡」とも称賛されました。戦後になると、木村さんの名声がいっぺんに上がりましたが、それは神の進言という裏話が消されてしまったためなのです。

「大和」を特攻に向かわせたのは

しかし、神が〝戦術の神様〟でいられたのはこのあたりまで。信奉する〝電撃作戦〟もこれまで。情報はすべて筒抜けのまま、打ちつづく敗北に戦線はじりじり後退していきました。もう奇襲などは夢のまた夢となります。ついに昭和二十年四月一日、アメリカ軍の沖縄上陸がはじまります。

連合艦隊司令長官から、世界に冠たる巨大戦艦「大和」に沖縄特攻の命令が下ったのは、昭和二十年四月五日のことです。この作戦発動のために「大和」が所属する第二艦隊司令部にたいして必死の説得をおこなったのが、このとき連合艦隊司令部首席参謀だった神重徳大佐。「殴り込み作戦」の夢いまだ覚めず、軍令部も連合艦隊司令長官もさしおいての、まさに個人プレイというべき大胆な行動でした。

「大和」以下の戦艦は出撃をあきらめ、繋留して本土決戦の砲台とするというのが軍令部の考えだったため、神は作戦の総元締である軍令部富岡定俊作戦部長をすっとばし、その頭越しに軍令部次長の小沢治三郎中将に談判して了解をもとめた。軍令部総長及川古志郎大将が黙って聞いているところで、小沢次長が作戦を決断。その後、連合艦隊司令長官豊田副武《そえむ》大将もこれを了承したというなりゆきとなったのです。

第二艦隊司令長官の伊藤整一中将は、『大和』で沖縄へ特攻に行け」と連合艦隊司令部から言われ、「そんなバカなことができるか」と断っているのですが、けっきょくは連合艦隊参謀長草鹿龍之介中将に説得されて無理矢理行かされることになります。

伊藤整一司令長官を説得した連合艦隊参謀長草鹿龍之介中将さえ、当初電話で意見を聞かれたときは、「長官（豊田副武）が決裁してしまってから、いまさら参謀長の意見はどうですか、もなにもないものだ」と激怒したといわれています。いっぽう神はというと、「もし大和がどこかの軍港で繋留されたまま野たれ死にしたら、そんな誇りを失った日本の、戦後の建設がどうしてできる」とその真意を近親者に語っていたそうです。だれが見ても、はじめから沈められることはわかりきっていた作戦でした。
「大和」部隊が真紅の大軍艦旗を掲げ、徳山湾をあとにしたのが六日午後三時。そして翌七日午後二時すぎ、鹿児島坊ノ岬沖で米軍の猛攻撃をうけ、「大和」以下六隻が沈没。午後四時三十九分には、伊藤整一司令長官が「突入作戦中止」の命令をだしています。そのおかげで、残った駆逐艦四隻は沖縄へ突っ込まずにすんだ。多少の将兵が命を拾ったことになります。

沖縄特攻における第二艦隊の戦死者は、伊藤整一司令長官ふくめ三千七百人にのぼりました。航空機による特攻戦死者に匹敵します。日本海軍の伝統と栄光のために神大佐が発案した無謀な「殴り込み」の特攻作戦は、沖縄にたどりつくことなく完全に失敗に終わりました。

昭和二十年六月、神参謀は第十航空艦隊参謀長に就任すると、本土決戦のための航空特攻訓練に精魂を尽くします。しかし、本土決戦はないまま敗戦を迎える。九月十五日、残務処理のための北海道出張からの帰途で、飛行機事故にあって海上に不時着。五人の同乗者は救助されましたが、なぜか水泳も得意で体力もあった神参謀の姿は海底に消えていました。あえて救助を避け、自ら死をもとめていったのではないかとわたくしは推測しています。

辻といい、神といい、日本型リーダーシップでいくと、頭のいい、しかも体力も闘志も人一倍旺盛な準指揮官型参謀の、ときには無謀としかいいようのない作戦が実行されてしまう。その危うさのあることがよくわかります。陸軍には、辻のほかにも似たような、本来はない権限を縦横に行使した参謀が多くいたのです。口八丁手八丁な連中が大暴れできるようなシステムは早く正さなくてはいけない、責任をとらないですむ参謀は、あくまで芝居でいう黒子であるべきだと思うのですが。

⑤長期構想型

次に紹介するのは、独自の長期構想をもつ、いわゆる戦略家タイプです。先の独立型に挙げた石原莞爾はこの長期構想型でもありました。このタイプとして石原と肩をならべるのが永田鉄山です。かれも石原と同様、昭和初期陸軍の中心人物でした。

永田は明治十七年（一八八四）長野県諏訪市で、代々医師だった家に生まれています。その頭脳の明晰さは陸軍八十年の歴史の中でも一、二といわれました。幼年学校、陸士、陸大とすべて優等卒。その上勉強家で、俸給の半分は書籍代にあてられたそうです。

ヨーロッパ視察後に書いた総力戦に関する論文を読んだ宇垣一成が、「これはドイツ参謀本部のルーデンドルフ（第一次世界大戦の東部戦線で武勲をあげた知将）以上だ」と言って驚嘆したそうです。東條英機がそれを聞いて「そんなにすごいひとならオレは子分になる」と宣言したという逸話も残っています。

ともあれ「合理適正居士」とあだ名をつけられるほどの理性派で、その人間的にも能力的にも群を抜いたスケールの大きさから「永田の前に永田なく、永田の後に永田なし」といわれました。必然的に軍政畑を歩くようになります。

エリートたちの対立

さて、陸士・陸大で同期の小畑敏四郎（高知県生まれ、陸士・陸大を優等卒）とは、これも同期の岡村寧次《やすじ》（東京都生まれ、陸士・陸大卒）を加えて陸軍のさまざまな改革を行っていこうとする同志でしたが、満州事変の翌年あたりから二人の関係が悪化しはじめるのです。陸軍の大方針について意見が対立。小畑はソ連脅威論を、永田は対中国一撃論を主張して、エリート将校らが小畑派と永田派に分かれていがみ合うようになっていく。それがしだいに皇道派と統制派の対立に発展していくのです。

昭和七年（一九三二）四月、陸相荒木貞夫が陸軍内部の人事異動を断行して皇道派で中央の陣容を固めると、派閥抗争がいよいよ激化します。言いかえると、帝国日本はどの道を選択すべきかの争いです。対ソ連でいくか、対中国でいくか。結局、永田も小畑も一応中央部を離れて、抗争は軟化するにみえましたが、火種を抱えたまま昭和九年一月に荒木が健康を害して陸相を辞任。代わって林銑十郎《せんじゅうろう》がその座につくと、統制派のリーダー格の永田鉄山が軍務局長として中央に復帰し、上に乗った林の権威をうまく使って、皇道派は一掃されることになった。

こんなふうに権勢をふるった永田でしたが、昭和十年（一九三五）八月、白昼の軍務局長室で、皇道派の隊つき将校、相沢三郎中佐に斬殺されます。これをもって昭和の陸軍は、永田時代を迎えようとする寸前で大転換を余儀なくされた、と巷間言われているのですが……。

永田が死んでも彼の言う「対中国一撃論」は陸軍の主流として生きつづけていきました。昭和十一年（一九三六）の二・二六事件以降、陸軍主流派は、叛乱将校らの背後にあって煽ったとされる皇道派の荒木貞夫、真崎甚三郎、小畑敏四郎ら将軍と同派の中堅将校を完全に放逐し、陸軍中央を、永田の衣鉢をつぐ者たちによって固めました。「皇道派の息のかかった者は、東京の四方十里以内に入れない」と密かに言われたといいます。

死してなお影響力を及ぼす

翌昭和十二年七月、盧溝橋事件が起きたとき、陸軍中央にいた多くの将官たちの頭を支配していたのは、明らかにかつて永田が主張した「対中国一撃論」でした。これぞ絶好の機会とみたのです。ときの陸相杉山元大将は、天皇に「事変は一カ月でかたづくでありましょう」と言っています。問題はこのあとです。

当時、陸軍が貯蓄していた弾薬量は兵力三十個師団の四カ月分にしかすぎず、盧溝橋事件後に陸軍が政府に要求したのは兵力十五個師団、六カ月分の予算でした。この少ない戦力で、一撃をもってはたして蔣介石軍の打倒が可能か、この方程式に対してどれほどの厳密な検討が加えられたのか、はなはだ疑わしいのです。

一撃どころか、極東ソ連軍の無言の重圧をたえず考慮して、兵力の逐次投入という下策に陥った対中国戦争は、たちまちドロ沼へとひきずりこまれ、半年後には早くも「長期持久戦」へと戦術転換せざるを得なくなっていきました。

このとき陸軍中央に永田鉄山ありせば、と考えます。永田であれば精細緻密な戦理をもって検討吟味し、曖昧いい加減のままに、ただ「一撃論」のみにすがってきた連中を抑えることができたかもしれず、日中戦争がはじめられることを阻止しえた可能性がある。よしんばとめられなかったとしても、戦火の拡大は防げたかもしれません。

開戦時、企画院（日中戦争がはじまった昭和十二年十月に、戦時下の統制経済政策を一本化するために内閣につくられた機関）総裁だった鈴木貞一陸軍中将が、戦後になって「もし永田鉄山ありせば太平洋戦争は起きなかった」と話したのを、わたくしは直接聞きました。「永田が生きていれば東條が出てくることもなかっただろう」とも。

ま、永田のような長期構想型の抜群にすぐれた人物は、滅多に生まれませんが、いまの時代、ときに学校秀才以外の人材の中から出てくる可能性はあります。そうした先見の明ある人材は大いに活用しなければなりません。ただし、それが本物であるかどうか、単なる夢想家にすぎないのではないか、上の者はよほどその使い方に注意しなければなりません。刃物は使い方によると、よく言われますね。そのとおりだと思います。

⑥政略担当型

そして最後が政略担当型。各界との折衝に、特殊の才能を持つ参謀のことです。いわゆる根回しに特別の才能をもつものです。政略は陸軍のいわばお家芸でしたが、海軍からこの代表を挙げるなら、石川信吾以外にはありません。

石川信吾は明治二十七年（一八九四）、山口県生まれ。海兵、海大の成績は平凡なものでしたが能弁で、その話しぶりは他を圧倒する迫力があったといいます。それに各界の長州閥にとり入って、うまく利用できる才能をもっていました。満洲事変の年、昭和六年（一九三一）に、当時軍令部第二班課員であった石川は、「大谷隼人」というペンネームで書いた本『日本之危機』のなかで、早くもアメリカの中国侵略の野心は極めて危険であると書いていました。ヒトラー好きのドイツ賛美者で、こう言っていたそうです。

「ナチスはほんのひと握りの同志の結束で発足したのだ。われわれだって志を同じくし、団結さえすれば天下なにごとかならざらんや」

一斉射撃で飛び出した砲弾のなかには、ときにあらぬ方向へ飛んでいく弾があります。それを不規弾といいます。石川はまさしく昭和海軍が生んだ不規弾であり、海軍部内をとびこえて政財界、外務など各界の対米強硬派のなかに広く知己をもつ、有能だが危険な人物でした。「軍人ハ政治ニ干与スベカラズ」の鉄則などどこ吹く風の政治軍人であり続けたのです。それにこぢんまりとした海軍そのものが、大所帯の陸軍に対抗して予算獲得を円滑にするため、石川をうまく使った面もあります。石川もその海軍の主流派の意向を巧みに利用して、力をいっそうつけた、ともいえます。

政治をも動かす

昭和十四年（一九三九）に三国同盟をめぐって紛糾したとき、海軍中央にいた米内光政、山本五十六、井上成美が断乎反対して同盟問題はいったん雲散霧消したのですが、海軍内部に深い亀裂を残していました。三人が中央を去ると反動が起きてしまった。親独派の岡敬純《たかずみ》（海兵・海大卒）が軍務局長に就任。彼は陸軍にひきずられることなく海軍独自に国防政策を策定しようと、政務機関、軍務局第二課を創設します。このとき岡が、海軍省人事局の猛反対をおさえて課長に任命したのが石川信吾でした。そして昭和十五年の暮れに、第一から第四まで四つの委員会によって成る、「海軍国防政策委員会」が誕生。この委員会に対米強硬派が勢揃いすることとなったのです。

その中心が、石川が所属した第一委員会です。まえにもふれましたがときの軍令部総長永野修身が、「いまの中堅クラスがいちばんよく勉強しているから彼らに任せる」などと、リーダーにあるまじき無責任なことを口にして〝中堅クラス〟、つまり岡敬純以下、石川信吾らを甘やかします。いきおい彼らはやりたい放題。この第一委員会が、太平洋戦争への扉を押し開いていくことになっていきました。

昭和十六年（一九四一）七月末、大本営陸海軍部は、石川の描いたシナリオどおりに南部仏印進駐を実行します。陸軍部内には、これをやったらアメリカは黙っていないと危惧する勢力もあった。「南部仏印進駐はやりたくないという陸軍を、無理やり押しきったのは海軍の第一委員会だ」と、ほかでもない元陸軍軍人からわたくしは聞いています。

アメリカはこれを受けて直ちに在米日本資産凍結、さらに石油の全面禁輸という峻烈な報復政策を発動。すると石川は平然とうそぶいたそうです。「当然あるものと覚悟していたさ。石油はオレたちの生命である。その息の根をとめられたら、戦争さ」と。さらに石川自身も戦争に負けた八月十五日にこう言っていたといいます。

「この戦争をはじめたのは俺たちさ」

なんらの反省も責任感もなかったようです。

軍務局第二課の部下だった中山定義という元海軍中佐に会ったときに、彼は石川のことを「海軍のなかのただひとりの政治的活動家でした。巨大な陸軍の政治力に立ち向かおうとする石川の姿勢は颯爽たるものがありました」と言って褒めていました。けれど颯爽として石川が推し進めた政策は、まごうかたなき無謀な戦争への道、そして国家敗亡への道だったのです。

陸軍にもこうした政略担当型の軍人は数多くいました。政財界に顔がきいて、走りまわって、自分の考えを陸軍の政策として売りこみ、それに成功すると、陸軍そのものを引っぱっていく。そんな政治軍人です。武藤章、田中隆吉、橋本欣五郎、佐藤賢了、田中新一、花谷正、鈴木貞一、そんな名前が浮かんできます。政略担当型というよりも、事件屋の面々といった感もあります。そして国家をあらぬほうへ動かして滅ぼしてしまう。

〈結語〉優れた参謀とは

昭和の陸海軍における参謀は、こうして見ると本来あるべき姿から、かなりはみ出た存在となっていた人物が多かったことがよくおわかりいただけたと思います。参謀肩章を見せびらかして、勝手なことをやる連中が多かった。それも日本型リーダーシップが生み出したものであったのですが。

ではいったい、よき参謀とは何か。わたくしはとくに次の三つの条件を挙げたいと思います。

一番目は、指揮官の頭脳を補うことができること。具体的にはリーダーの計画立案や決断のために情報を集め分析し、公正な判断を下し、適切な助言を行うことです。指揮官のためにニつも三つも作戦計画を用意し、指揮官の判断を仰ぐ。これこそが、本来参謀が担うべき役割です。くり返しますが、参謀はこうした「裏方」「黒子」でなければいけない。そういう意味では準指揮官型や独立型は参謀とはいえません。もちろん、政略担当型なんかとんでもない。こういう軍人を参謀に据えたときに起きる悲劇はたっぷりと語ったとおりです。

二番目は、部隊の末端まで方針を徹底させること、さらに各部署でうまくいっているかを確認することが参謀にとって重要な仕事となります。つまりリーダーの命令が発せられたあと、現場にお任せというのではダメなのです。現場をすっぽかしてはいけない。

三番目の条件は、将来の推移を察知する能力を有すること。行動開始後に、適切に統帥を補佐することも参謀の大切な役割です。さきほど登場した情報参謀堀栄三は、この能力がそなわった軍人でした。堀は、台湾沖航空戦の大戦果はおかしいと早く勘づいた。情報を精査すべしと作戦当局に訴えた。適切に統帥を補佐しようとしたのです。それを受けたのが瀬島龍三だったために、不幸にも生かされることはなかったけれど。

そもそもが裏方としての役割をこなせるようなよき人材を育てる。そのためには参謀職を出世のためのステップにしてはいけなかったのです。もとよりスタッフというのは地味な存在なのです。米軍将校で、幕僚勤務をのぞむものが少なかったといわれているのは、米軍において参謀が影響力をもつことはまずなかったからです。参謀は、指揮官の意思が忠実に実行されるための補佐官にすぎなかった。情報部門など特殊な部門をのぞいて個性を発揮することは許されませんでした。

第一次世界大戦後、ヴェルサイユ条約によるきびしい軍備制限のなかでドイツ陸軍を再建したハンス・フォン・ゼークト将軍はこう言いました。

「参謀教育とは、天才を作ることではない。能率と常識とを発揮できる通常人員を育成することにある」

まさにこれこそが究極の参謀論です。これと正反対のことをやったのが陸軍大学校であり、海軍大学校であったとわたくしは思います。

第四章

太平洋戦争にみるリーダーシップⅠ．

前口上で申しましたように、日本にいま要望されているリーダーとは……ということを、いよいよこれから考えてみるわけです。『統帥綱領』がいうように、いつまでも「威厳と人徳」でもあるまい。参謀重視でもあるまい。お飾りはもってのほか。危機の時代における真のリーダーシップはいかにあるべきか。

それを考えるために、わたくしの思いついたことは、三百十万人もの人が亡くなった太平洋戦争から、現代に生きるわれわれのための教訓を見いだすことはできないだろうか、ということです。よく言われることですが、どんなに第一線の将兵が勇戦力闘しても、戦術がつたないなら、それをおぎなうことはできません。また、戦術がいかに巧みであっても、大きな戦略が明確でないと最終的な勝利は覚束ないのです。戦場の指揮官ばかりではなく、陸海軍の枢要な部署にある連中の戦略構想が大事なのです。

それらを太平洋戦争のいろいろな局面から考えることで、これからの日本のリーダーは少なくともこういう点にだけは注意したほうがいいということを、六つの条件というか教訓として、わたくしなりに引っ張り出しました。それが主題というわけです。

警視庁占拠の目的

本論に入る前にちょっと寄り道をします。開戦の五年前に起き、時代の流れを根本から変えた昭和史最大の事件の中から、一つのヒントをすくいあげたいと思います。事件とは、昭和十一年（一九三六）二月二十六日未明、在京の陸軍歩兵部隊一千四百八十三人による叛乱です。十万発の弾薬をもった完全武装の将兵が首相官邸をはじめ重要施設を襲撃しました。ご存知、二・二六事件です。

内大臣斎藤実、大蔵大臣高橋是清、教育総監渡辺錠太郎が惨殺され、首相岡田啓介は難を逃れましたが、その秘書官松尾伝蔵大佐が身代わりとなって射殺されました。侍従長鈴木貫太郎は瀕死の重傷を負っています。これからお話しするのは、「尊王討奸」の旗印の下に倒れた政府・軍のリーダーについてではなく、蹶起《けっき》した中堅将校の方です。

クーデターが未遂に終わったその裏には、蹶起のさいのリーダーシップにおける、ある決定的なミスがありました。それがいったい何であったかを明かすには、二・二六事件における警視庁占拠の意味を語らねばなりません。

事件から半世紀を経た、昭和六十一年（一九八六）の二月のことです。わたくしは、銃殺刑を免れて生き残った事件の将校五人に集まってもらいました。五人とも事件当時はまだ二十歳か二十一歳の新品少尉でした。五人のうち警視庁襲撃部隊が三人、首相官邸襲撃部隊がひとり、あとのひとりが宮城《きゅうじょう》（戦前は皇居をこう称した）に入ったメンバーでした。

わたくしは彼らに「これを最後の機会として、いわば遺言のつもりで存分に話してください」とお願いをしました（「われらが遺言・50年目の2・26事件」と題され『文藝春秋』一九八六年三月号に掲載）。

座談会がはじまってまもなく、「警視庁占拠には、なぜ決行部隊中最大の四百人以上もの兵力を送り込んだのですか」と尋ねました。すると警視庁組の三人が、たがいに顔を見合わせるのです。目と目で、「もうそろそろ、しゃべるか……」というような合意を取り合っていることがわかりました。彼らは語りだしました。

「ほんとうの狙いは宮城占拠です。そのための部隊でした」と。

彼らは、不毛な抗争に明け暮れる政党政治への不信を前に、政治改革を企図して天皇親政をめざしていました。政府首脳をテロによって排除したのちに、宮城を占拠して天皇を掌中におくことこそが、いちばんの骨子。俗にいう〝玉《ぎょく》〟をおさえるということです。明治維新のときには、薩摩と長州が明治天皇を神輿にかついで偽の詔書を発し、あっというまに官軍になった。叛乱将校たちはそれに学んで、昭和天皇を戴くことで自分たちも〝官軍〟になれると思い込んでいたのです。

ところが、ことが失敗に終わった後に、それを表に出せば刑法における重罪中の重罪、天皇にたいする反逆の罪、つまり大逆罪に問われてしまう。責任追及の余波が陸軍全体を脅かしかねません。ですから軍法会議のときはこれをいっさい伏せた。それ以来、死刑にならずにすんだ者たちもこれを沈黙しました。だから警視庁占拠の目的は、ながらく「政府要人護衛のために、武装して逆襲してくるであろう、警視庁特別警備隊を撃退するため」とされていたのです。

大事の前にやったこと

宮城には、同じ軍隊でも近衛師団しか入れません。蹶起将校のひとり、中橋基明中尉の近衛歩兵第三連隊第七中隊が、宮城赴援中隊の任務につく日が二月二十六日と決まりました。中橋は陸士四十一期、このとき二十八歳です。赴援中隊というのは要するに、万が一に備えて、宮城を守るため兵力を増援する目的で宮城内に入る部隊。堂々と入っていくことができます。蹶起をこの日と決めたのにはそういう事情も深く関係していました。

宮城占拠のシナリオはこうです。中橋中尉率いる近衛第七中隊が宮城入りし、何も知らずに中に控えている守衛隊本部を制圧する。その後すみやかに桜田門を開門し、警視庁屋上にいる通信兵に信号を送って、警視庁に待機している部隊の四百人を招き入れ宮城を占拠する。〝昭和維新〟はそのとき成功する、というものです。

ところが実際は、そうはならなかった。

中橋隊は詰めの一手、「宮城入り」に、まっすぐには向かわなかったのです。途中、高橋是清邸を襲撃しています。高橋邸は、青山一丁目から赤坂見附にいたる市電通り、いまの青山通りですね、そこの南側にありました。草月会館とカナダ大使館に挟まれる位置で、邸跡が「高橋是清翁記念公園」になっています。近衛歩兵第三連隊の本部は、いまの赤坂のＴＢＳがあるところですから、高橋邸は彼らが宮城に向かう途中に位置していました。しかも目立たないように裏道をとおって行ける。

高橋蔵相殺害には、中橋中尉が中島莞爾少尉とともに、自ら手を下しています。中橋は、「天誅」と叫びつつ拳銃数弾を発射し、中島は軍刀で腕や胸を突いた。即死でした。むろん、この「寄り道」は中橋の独断や思いつきではありません。事前に安藤輝三大尉や栗原安秀中尉や村中孝次ら他のリーダーたちとの協議があって決まったことでした。

しかし、最大の目的に向かう作戦の前にこういうことをやっては駄目なのです。目的を一つに定め、その成就のためにすべての力を集中させなくてはならなかった。蔵相殺害後の中橋は、別人のように腰砕けになってしまいました。

そのとき、引き金を引けなかった

高橋邸を出たあと、彼は部隊を率いて青山通りの急坂を下り、赤坂見附で今度は急勾配を登ってから半蔵門に向かって下っていきます。半蔵門から守衛隊司令部に入り、何食わぬ顔で司令官に赴援中隊到着の報告をして、坂下門の警備を申告したのが早朝六時ごろのこと。警視庁屋上に信号を送るのは、坂下門を押さえてから、との手はずです。

ところが中橋らは、守衛隊本部でじつに一時間以上も待たされてしまう。司令官もその下の司令も、巡察のため不在だったのです。結局、坂下門の配置についたのは、そろそろ空が明るくなる七時半でした。この頃になると襲撃の断片的な情報が次々と宮城内にもたらされています。中橋を怪しんだ司令官が部下の特務曹長に命じて坂下門の中橋を呼び戻しにやると、中橋が石垣の土手の上に立って、まさに警視庁に向かって手旗信号で合図しようとしている。

このとき中橋は情けないことに、羽交い締めにされ押さえ込まれてしまうのです。中橋は守衛隊司令部に連れ戻され、監視を命じられた大高少尉とにらみ合う。お互い拳銃を抜き合うのですが中橋はついに引き金を引くことができませんでした。にらみ合いに負けてしまったのです。すでに精神的に疲れ切っていたのでしょう。けっきょく中橋は、作戦中最大の目的である宮城占拠の指揮官の任にあったにもかかわらず、たったひとりトボトボと二重橋から外へ出てきてしまった。

中隊長がいなくなった中橋中隊の約百人は、宮城守備部隊に組み入れられて「坂下門を守れ」と言われる始末。いっぽうの警視庁の四百人は待ちくたびれて、宮城入りはついにおじゃんとなってしまいました。

宮城占拠を決断することは簡単ですが、実行計画を緻密に積み上げていくことはけっして易しいことではないのです。宮城占拠に全精魂を燃やさなければならないのです。それなのに、近いから途中でちょっと立ち寄って要人テロもやろうと考えたのが大間違いです。二・二六事件のリーダーだった将校たちは要するに、人を殺すという尋常ならざる行動をおこしたあとの、人間の心理にまで思いをいたすことができなかった。

簡単なことが盲点になる

五十年後の座談会では、出席者の宮城占拠組のひとりが、なかば呆れたようにこうつぶやきました。

「高橋是清さんを殺害した後で、さらに宮城に入って守衛隊司令官を殺すか軟禁して、自分が守衛隊司令官になるなんていうことは、相当の度胸がなければできませんな」

これを後知恵というなかれ。よくよく冷静に考えれば、だれもが思いいたるはずでした。警視庁襲撃組のひとりもこんな本音を漏らしています。

「第一、天皇がご自分のご意思を、直接に宣明されるとは思ってないですわな。当時の憲法によると、内閣の輔弼をもって統治するのだから、陸軍大臣の責任ある助言と方向にたいし、それでよかろうとおっしゃるのであって、(われわれを)暴徒だとか、凶悪なものだとか、そうおっしゃるなんて思ってもみない。ご自分のご意思をいわれる方が間違いだと思っていたですよ」

彼らは、〝玉〟は易々と押さえることができるはず、と見くびって判断していた。しかし昭和天皇が、蹶起部隊を毅然として「叛乱軍」と呼び、討伐を命じたのはご存知のとおりです。

「かくの如き兇暴の将校らは、その精神においても何の恕《ゆる》すべきものありや。朕自ら近衛師団を率い、これが鎮定にあたらん」

天皇は怒りをもって、その意思を示しました。このことから考えれば、もし宮城占拠が成ったとしても、必ずしもかれらの描いたシナリオどおり、クーデター成立とはならなかったわけです。それにしても、彼らには自らに不都合となるあらゆる可能性を想定して、失敗の芽を排除しておく周到さが必要でした。恐らく彼らは冷静にものを考える心の余裕がなかったに違いない。この一件、何事か成さんとするときのリーダーシップとは、慎重な上にも慎重であるべきことを、たしかに伝えています。

余計な話でしたかな。さて、いよいよ本論に入ります。わたくしが六つの教訓を導きだすにいたった太平洋戦争中の具体的な戦いの局面と、そこに在った指揮官のリーダーシップのありようを少々くわしくお話しします。ということは、真珠湾攻撃、ミッドウェイ海戦、ガダルカナル攻防戦、インパール作戦など、すでに話題としてとりあげた戦闘をさらに詳しく語ることになります。この点、ご諒承いただきます。そこにあるリーダーシップは、見事なものあり、情けないものあり。そしてまた、わたくしの、ときならずの脱線はどうぞご容赦のほどを。

リーダーの条件その一．最大の仕事は決断にあり

リーダーがなすべきことのなかでもっとも重要なのは、自分でよく考えて判断し決断する、ということだと思います。これは申すまでもないことです。日本海海戦での東郷平八郎は、密封命令の開封を二十四時間延ばすということを、しっかりと情報をとり入れて、自分で判断し決めた。この決めたことがすばらしかった。

つまりリーダーは人に決断を任せてはいけないのです。丸投げなどリーダーとしてもっともあってはならない。日本軍はこの丸投げでたくさんの人を死に至らしめています。上に立つ人は少なくとも自分で判断をし、自分で決断をする。これはもうあらためていくつも具体例をあげて説くまでもない。必要欠くべからざる条件なのです。

日本海軍最後の勝利

太平洋戦争を通じて艦隊同士がぶつかりあって戦う海戦のうち、日本海軍の最後の勝利

といえるのが、ルンガ沖の海戦です。ルンガ沖夜戦ともいわれるこの海戦は、わずか十数分で勝敗が決しました。この例だけをあげてみます。

昭和十七年（一九四二）六月、ミッドウェイ海戦で日本が大敗を喫したあと、日米の攻防は、ソロモン諸島の一つ、原始林に覆われたガダルカナル島（以下、ガ島とする）の争奪戦に焦点がうつりました。戦力を大局から見れば、このときまだ日米両軍は互角でした。大本営陸海軍部は、アメリカ本土とオーストラリアとの連絡を断つため、ガ島に航空機の前線基地建設を計画します。このときアメリカ軍もまた、本格反攻のための前進基地としてガ島の占領を決意していました。

日本軍がガ島に飛行場建設のつるはしを打ちこんだのが昭和十七年七月四日、アメリカ軍がガ島攻略の作戦命令を出したのが七月二日。偶然というには、あまりに恐ろしいくらいの時と場所の一致でした。

というわけで双方一歩も譲らず。ガ島をめぐる死闘は、八月七日の米軍のガ島上陸からはじまって、日本が十二月三十一日の御前会議で撤退を決めるまで、じつに五カ月間もの長きにおよぶことになるのです。太平洋戦争の勝敗の転回点となった戦いでした。日本軍にとって最高に不利であったのは、最前線基地のラバウルからガ島までの距離が一千キロ、あまりにも遠かったことです。

制空権を失ったがゆえに

日本は八月二十四日に戦われた第二次ソロモン海戦のころから、ガ島付近の制空権を失っていました。やむを得ません。ラバウルから飛んできた零式戦闘機がガ島上空に、帰りの燃料を考慮にいれると二十分間といられないのですから。これ以降、水上艦隊がガ島に唯一近づくことのできるのは敵航空機の飛ばない夜間だけとなりました。日本軍は夜襲による総攻撃を三度もかけるのですが挽回ならず、ガ島守備隊は消耗するいっぽうとなっていきます。島への補給は喫緊の要事として海軍に託されたのです。

速度の遅い大型輸送船では夜間にラバウルとガ島間を往復することができません。どうしても敵の制空権下を昼間に航行しなければならず、敵機の空襲を避けることは不可能だからです。それで、ガ島守備隊への補給になんども失敗を重ねた末に考案されたのが、駆逐艦による補給でした。ガ島から北西に三百マイル離れたショートランド島の基地に待機し、夜、暗闇の中、高速でガ島へと忍び寄り、兵力の増援、食糧、武器・弾薬などの補給を行ったのです。連夜の過酷な輸送作戦がつづきました。

ルンガ沖で海戦が行われたのは、ガ島をめぐる戦いの、最終局面にさしかかった十一月三十日のことです。

その日の午後三時頃、ラバウルの第八艦隊司令部からショートランド島の基地に入電がありました。「ガ島近海に米駆逐艦十二、輸送船九を認む」と。日本側の動きを察知したアメリカ艦隊が迎撃態勢をとりはじめたのです。

同日真夜中、田中頼三少将率いる第二水雷戦隊の八隻の駆逐艦が、補給物資を満載してガ島に向かうことになっていました。ガ島の陸軍に届ける物資はドラム缶に詰め込まれています。それを積むために駆逐艦の主要武器である魚雷を半分おろさざるを得ません。いざというときには手を縛られた状態で戦うことになる。ですから、ガ島近海にいるという敵艦隊に見つかったら、第二水雷戦隊はたちまち袋叩きにされて全滅しかねない。この夜の物資輸送は危険極まりないものでした。

旗艦駆逐艦「長波」艦上では午後四時から戦隊司令部の作戦会議が開かれました。若い参謀らは、見敵必殺を主張して譲りません。敵を見つけたら戦闘しようということです。むべなるかな。戦争前からこの時まで、休みなく続けられてきた訓練は、戦艦や重巡洋艦を相手に刺し違えるためのものです。少なくとも夜陰にまぎれてコソコソとやるドラム缶輸送のためではなかった。しかし、田中司令官はおだやかに説きました。

「わが隊の第一目的は、不本意ではあろうが、窮迫したガ島将兵に物資・弾薬を補給することにある。ドラム缶を何とかしてガ島の将兵に手渡すことにあるのだ。会敵せる時も、能動的な行動を勝手にとることは許されん」

落胆と不満の色をありありと浮かべる幕僚や艦長たちに、しかし、と田中少将は言葉をつぎました。目的はあくまで補給だが、戦う場面になったら戦う、という意志をあらかじめ示したのです。

「ただし、降りかかる火の粉は払わねばならん。万一攻撃をうけるようなことがあったら、徹底的にこれを撃滅しよう」

第二水雷戦隊は、四隻ずつに分かれてドラム缶の揚陸地点に向かいました。視界は七キロがやっとの暗い夜だったそうです。

「全軍突撃せよ！」のひと言

午後十一時過ぎ。ガ島のルンガ沖にはアメリカの前衛駆逐艦四隻、主力の重巡洋艦五隻、そして後衛駆逐艦二隻が陣形を整え、日本艦隊の接近を待ち構えていた。

田中頼三少将は、真っ黒い海面に敵の大艦隊が待ち伏せする中、旗艦「長波」の艦橋にあって全軍に指示を送ります。

「予定どおりドラム缶揚陸を実施せよ」

それを受けて、二手に分かれた駆逐隊は揚陸準備に大わらわの状態になった。将兵は甲板上をかけめぐり、ロープをほどき、いつでもドラム缶を落とせる状態にまでもっていこうとしていました。ところがそのとき、「長波」艦橋にあった田中少将のもとに報告が飛び込んできました。

「『高波』より発信。敵らしきもの見ゆ。方位一〇〇度」

続く、「敵艦隊七隻見ゆ」の報告が入ったとき、ものすごい炸裂音と同時に、数十メートルの水柱が先頭の「高波」を包んだという。アメリカ巡洋艦隊の主砲が、闇に向かっていっせいに火を噴いたのです。午後十一時二十三分、田中頼三少将の命令が全艦に飛びました。そのときの田中の一瞬の判断がすごかった。

「揚陸やめ!　戦闘用意!」

「長波」艦橋の田中少将はいささかも動ずる気配を見せなかったといいます。

もう一瞬の遅れも許されません。整然たる戦闘隊形などとっている暇はない。各艦各様に、甲板に積んであったドラム缶を海中にたたきこみ、魚雷発射管を敵艦隊に向けました。混乱した不利この上ない状況のなかにあって、田中少将は号令を発しました。

「全軍突撃せよ！」

無線電信と無線電話が司令官の命令を打ち込みます。各艦はばらばらに第一戦速で敵艦に向かって突進し、魚雷射程に敵艦をとらえると次々に発射します。アメリカ艦隊旗艦の重巡洋艦「ミネアポリス」の艦腹にすさまじい水柱が突立ったのは午後十一時二十七分のことです。攻撃指令から四分後です。

続く重巡洋艦「ペンサコラ」は衝突を避けようと慌てて右に面舵をきった。三番艦の重巡洋艦「ニューオリンズ」は左に取舵。大混乱が敵の隊列に生じました。魚雷を避け、味方の艦を避けて逃げ回る。その間にもつぎつぎと魚雷の命中を受けていったのです。

戦闘のすべてが終わったのは午後十一時五十分でした。アメリカ側は重巡一隻沈没、三隻大破の大損害です。田中艦隊の損害は、哨戒艦の役を果たし、オトリとなって勝利に貢献した「高波」のみでした。短い時間に、艦の大きさ、その数、決戦前の態勢などはるかに劣勢であった日本の水雷戦隊が、圧倒的なアメリカ重巡洋艦隊を完全に撃破しました。九回裏の満塁ホームランにたとえてもいい逆転劇でした。

「癪にさわるほど立派な連中だった」

事前に日本艦隊の動きをつかんでいた南太平洋方面軍司令官、「猛牛」とあだ名されたハルゼイ提督は、これを一挙に叩いてやろうと、手ぐすねひいて新鋭の重巡洋艦隊を派遣したのです。最新型のレーダーまで特別に備えさせて。それだけに、結果を知らされた時、あいた口がふさがらない思いをしたか、地団駄を踏んだか。いずれにしても、海戦に参加したアメリカ海軍の連中は、口を揃えてこう讃嘆したといいます。

「癪にさわるほど立派な連中だった」

世界的に有名な軍事評論家ハンソン・ボールドウィンも、戦後になって、その著書のなかで激賞しています。

「太平洋戦争をとおして日本に二人の名将がいる。陸の牛島、海の田中」

牛島とは沖縄第三十二軍司令官、牛島満中将であり、この癪にさわるほど立派な海の名将は、第二水雷戦隊司令官、田中頼三少将その人です。

田中頼三は明治二十五年（一八九二）四月、山口県生まれ。海軍兵学校四十一期、卒業成績百十八人中三十四番、つまり第一線向きの成績です。戦艦「金剛」艦長から第六潜水戦隊司令官を経て、開戦直前の昭和十六年（一九四一）九月に第二水雷戦隊司令官となりました。いわば生まれながらの水雷屋提督でした。このとき五十歳。だれに評させても磊落な、それでいて細心の注意力をもつ提督であったそうです。ちなみに海軍大学校には行っていません。

かつての名将、六十八歳となった田中頼三氏の邸を山口市朝田に訪れたのは、昭和三十五年（一九六〇）のことでした。田中家は五千戸の農家の点在する農村で代々庄屋を務めていたそうです。なるほど、住居は六百坪もある城のような建物で、冠木門に白壁の土蔵がありました。ただ戦後の田中家の困窮を物語るように、どれもが傷んであまり修理がゆきとどいていないのがわたくしにも分かりました。現われた田中翁は、長年月を海風で鍛えられた赤銅色のやせた顔に立派な口ひげをたくわえていました。

「僕ァなにもしなかったよ。ただ、突撃せよと命令をだしただけでした」

断然優勢な敵艦隊から奇襲された時、リーダーとしてなし得たのは、ただ単に「突撃せよ」のいとも簡単な一言であったというのです。しかし、この決断なしに混乱と狼狽からのがれようとしたら、いかに精鋭ぞろいといえども支離滅裂の大混乱に陥っていたに違いないのです。

「もう少しでドラム缶の揚陸ができる時でした。なかには揚陸をはじめた艦があったかもしれません。冷汗三斗の思いだな、いま考えると。もし、あの時ドラム缶を惜しんで突撃をもう三分でも遅れさせたら、おそらく僕らは生きていなかったでしょうなあ」

本当の任務とは何なのか

わが日本海軍、最後の勝ち戦はリーダーの瞬時をおかぬ決断、「全軍突撃せよ」の一言によってもたらされたものでした。ただ上からの命令にだけ忠実であろうとすると、物資揚陸を優先していたでしょう。そうであれば、第二水雷戦隊は全滅していたかもしれない。生死、勝敗は一瞬の判断でどちらにもころがる。臨機応変、果断な判断は将兵のはたらき、いま流にいえばモチベーションにも影響する。本来の使命をよみがえらせてくれた田中司令官のもと、各艦乗組員が訓練どおりの十全の仕事をしたからこそ、敵をもうならせる戦果をあげることができたのです。

ところが、海軍中央の不思議がここにある。

戦況がしだいにきびしくなって次々と艦上士官が倒れる中、有能な指揮官をひとりでも多く戦線に必要とする時にあって、その後ふたたび第一線に、田中頼三がもどることはなかったのです。じつに昭和十八年から終戦後の退役まで、田中の姿は海上にはなく、根拠地隊（陸戦隊）司令官として陸上勤務に左遷されてしまうのです。

その理由は、かねて駆逐艦によるドラム缶輸送に強く反対していたこと、あるいは上級司令部である第八艦隊にいろいろな意見具申を行い、そのため上層部に煙たがられたから、ともいわれていますがさだかではありません。わたくし自身は、ほかでもないルンガ沖にて、「任務」であったドラム缶の揚陸を中途でやめてしまったことの責任を問われたのではないか、とにらんでいます。命令はあきらかに「輸送せよ」であり、「敵を攻撃せよ」ではなかった。第一線の実情も知らず、真実の追究もせず、人事であれ作戦であれ、ただ一方的に机上で断をくだすのが陸海軍中央のならいだから、であります。

ルンガ沖での田中頼三少将の行動は教えています。リーダーたるものは直ちに決断せよ。しかも簡潔に。ただしその決断は闇雲ではなく、状況を把握した上でとりうるべき最良の選択をやれ、と。

蛇足ながら、太平洋戦争においては不思議なくらい日本の軍人さんは決断ができなかった。そういう意味では統制好き、すなわち上からの命令遵守の指揮官が多かったのではないかとも思えます。出世コースに傷をつけてはいかんと。であるからなおのこと、ルンガ沖海戦での田中頼三の決断は特筆すべきことなのです。それというのも、田中さんが艦隊育ちの叩き上げ、部下の下士官兵たちの気持ちがよくわかる少将だったからで、自分の出世などに目もくれなかった。そこにこの決断の素地があったと思います。

それともう一つ、常に現場の判断が大事で、後方の弾丸の飛ばないところで、秀才参謀たちがごちゃごちゃと議論して決めることは、かえって邪魔になるということも示しているように思われます。

いい例が3・11のときにもありました。上からの「海水注入を中断せよ」の指示を受けた現場のリーダー吉田昌郎所長が、中断したかのように見せながら実際はそのまま注入をつづけました。三月十二日午後七時半ごろのことです。海水注入はこれはもう技術的に必要不可欠、政治とか金もうけとかの介入できる話ではない。中断が事態を悪化させることは必定、吉田所長の独断専行はまことにあっぱれな決断でした。

リーダーの条件その二、明確な目標を示せ

京セラを設立し、ＫＤＤＩを建て直し、いまＪＡＬ復活のために活躍している稲盛和夫氏が教訓的なことをいっています。

「リーダーによって組織は発展したり衰退したりするのです。いい組織には必ず素晴らしいリーダーがいます。立派なリーダーは、自分たちの組織の目的を明確にし、さらにその目的に向かうための価値観を部下と共有し集団を引っ張っていきます」（「プレジデント」誌二〇一二年八月十三日号）

ここで二番目に教訓として挙げるのはまさにこれです。別に稲盛氏の真似をするわけではなく、単に同じようなことをうまくいってくれている、と思うからです。それに稲盛氏の名前には効き目もたっぷりありますしね。

とはいうものの、この「組織の目的を明確に」するということはなかなかにむつかしいことなのですが。

山本五十六に欠けていたもの

連合艦隊司令長官山本五十六。明治十七年（一八八四）新潟県長岡市生まれ、海兵三十二期、海大卒で、真珠湾攻撃時は五十七歳でした。わたくしはかねて、同じ長岡中学卒のこの人のことを「わが先輩」と呼び、「山本贔屓」を公言して参りました。先を見通せる政治家的資質をもち、その戦略・戦術観もまた抜群のものがあります。が、山本贔屓としては、はなはだ言いづらいのでありますが、今回は心を鬼にして山本五十六のリーダーとしての短所について言及することにします。

この人には越後人特有の孤高を楽しむ気風がありました。説明や説得を嫌い、わからぬ者にはわからないのだと、おのれの心の内を語りたがらなかった。それに人見知りする癖があった。要するに、口が重たいのです。

サハラ砂漠で、名将ロンメル元帥率いるドイツの戦車機甲師団を破ったイギリス第八軍司令官モンゴメリー大将は、戦場の指揮官について論じています。「リーダーシップとは、人を共通の目的に団結させる能力と意志であり、人に信頼の念を起こさせる人格の力である」と。山本さんの人格の力はともかく、共通の目的に部下の将兵を果たして団結せしめたか、については疑問を持たざるをえないのです。

問題は真珠湾攻撃です。世界海戦史上前代未聞のこの奇襲作戦の真の目的について、山本さんが明確に伝えていたのは二人の海軍大臣、及川古志郎と嶋田繁太郎だけだったのです。及川は海兵の一期先輩、嶋田は同期です。作戦の目的を明かした及川あて書簡は昭和十六年（一九四一）一月七日付。嶋田あてに出したのは、日米交渉の不調から東條英機内閣が成立し、もはや戦争は避けられないと予想されるにいたった十月二十四日のことです。

山本は手紙に「一読後焼却してくれるように」とのただし書きをつけました。手紙の現物は山本の希望どおり焼かれたため残っていません。では、なぜいま我われがその内容を知ることができるのかというと、藤井茂中佐が残していたからです。藤井は昭和十六年十一月に連合艦隊司令部に着任し、政務参謀として山本のそばにいた人物です。まことに重要なこの山本の手紙の下書きが、戦後、藤井茂が亡くなったあとに遺品のなかから見つかっています。

いずれの手紙にも、戦争には反対だが、どうしてもやれというのであれば、「全滅を期して敵を強襲す」、あるいは「尋常一様の作戦にては見込み立たず、結局、桶狭間とひよどり越と川中島とを併せ行うの已むを得ざる羽目に、追込まるる次第」にてと、真珠湾作戦をあえて敢行した真意が語られています。しかし考えてみればこれはおかしなこと。作戦つまり統帥事項の全責任は、軍令部総長にあって、海軍大臣の職掌ではありません。山本がそれを知らぬわけがない。それを承知で海相に送っているのには、彼なりの魂胆がありました。真の狙いは作戦の説明よりも、人事だったとわたくしは思っています。海軍の人事は海軍大臣の職務です。

人事を動かす

自分は機動部隊を率いてハワイへ前進するから、連合艦隊司令長官には米内光政大将をあててほしい、と山本は繰り返し海相に説いています。しかし、そんな破天荒な人事が可能と考えていたとは、とうてい思えません。米内の現役復帰すら難題であり、すでに連合艦隊司令長官をやった上に、首相の印綬をおびた米内をもう一度、とは、降格人事をもとめることになる。そういうわけにはいかないことを、山本は百も承知だったはずです。その無理を押して、人事権をもつ海相に注文するあたり、山本がいかに当時の海軍中央に不信をもっていたかがわかります。

万が一、米内が現役復帰すれば、現実的には連合艦隊司令長官ではなく、天皇とじかにつながる軍令部総長になる可能性がでてくる。それは嶋田あての書簡のなかにちらりと見えますが、そうなると海相は山本自身、ということにもなる。さらにいうなら、海軍次官に井上成美をあてて、昭和十四年（一九三九）の三国同盟反対時代の海軍立て直しメンバーを復活させる。この体制で海軍中央にいる対米強硬派グループを追い出して、太平洋戦争へ突き進んでいる政策をひっくり返し、和平へと逆転させようと、山本は人事の異動に最後の望みを託したのだと思います。

じつは山本とは関係のないところで、山本海相実現のために動いていた人たちがいました。「近衛内閣（第三次）がもうもたない」、とみられるようになった昭和十六年九月末ないしは十月上旬頃のこと。岡田啓介、財部彪《たからべたけし》、米内光政といった海軍避戦派の重鎮たちが密かに集まって相談し、山本五十六を中央に呼び戻して海軍大臣にしようと海軍中央にはたらきかけていた。残念ながらこれが実現しなかったのは歴史が示すとおりです。

必敗の戦いを戦うことに山本は、あくまで反対でした。しかし、やれといわれるならオレの流儀でやると主張した。山本の戦略とはつまり、アメリカ艦隊の初動を叩き、全力決戦をもってそれに勝って敵の戦意を阻喪させ、そのうえで何とかして講和にもちこみ、獲得したすべてを譲って一挙に戦争終結に導く。開戦せざるをえないなら、採るべき選択肢はそれ以外にない、というものでした。二人の海相に、避戦のための人事を求めつつ、同時に奇襲作戦の真の目的を示していたのです。緒戦で徹底的にやって勝った場合には、その機会になんとか講和に持ち込んでほしい、それを中央では考えてほしいと。

真珠湾攻撃作戦はブラフだった？

開戦を目前にして軍令部と連合艦隊とのあいだでは、すでに戦略・戦術を巡って大激論がはじまっていました。軍令部は、もし真珠湾で敗れたら結果があまりに重大すぎる、正気の戦術ではないと、これを一蹴。たしかに、真珠湾は浅くて魚雷が使えない、洋上における燃料補給の困難、敵に居場所を悟らせないための長途の無電封止の不安、さらには攻撃のその日に米太平洋艦隊が全部出動していて真珠湾にいなかったらどうするか、などなど、問題は山積していたのです。こうした声に、山本は激怒していったそうです。昭和十六年九月下旬のことです。

「軍令部は、口を開けば博打だという。しかし、博打でも投機でもない。真珠湾作戦なくして、戦争はあり得ないのだ。天佑が日本にあれば、この作戦はかならず成功する。もし失敗するようなことがあったならば、天はわれに与《くみ》せざるものである。そのときは、戦争そのものを即座に断念すべきなのである」

真珠湾攻撃の是非をめぐって揉めているうちに、海軍中央の陣容をひっくり返すことができるのではないか。山本の狙いはそこにあったわけですから、ほんとうは真珠湾をやるつもりがなかったかもしれません。その成否を戦理の秤にかければ、失敗の公算のほうがはるかに大きかった。ところが幸か不幸か、真珠湾作戦実行のための機動部隊の訓練が日を追うごとに成果を上げ、難しいとされていた浅深度魚雷の改良にも成功してしまう。いろいろな難関がつぎつぎに突破されてしまう。作戦成就の可能性が見えてきたのです。まさに瓢簞から駒でした。ついに軍令部説得も成功して、十月十九日には正式作戦として策定されてしまいました。

そうなったのならなおのこと、自分としては真珠湾攻撃を全力決戦にして、相当の戦果をあげたうえで早期講和に結びつけたい。それをほんとうは山本自身が海軍中央の対米強硬派に言うべきであったし、麾下の全軍に向かって言うべきでした。全軍とまではいわなくとも、少なくとも機動部隊の指揮官全員に向かっては、そういうべきだったと思うのです。だから真珠湾を徹底的に叩き潰せ、と。

軍歴がものをいう

日本海軍の人事序列には「軍令承行令」というものがありました。兵科将校を、主計、機関などほかの兵種将校の上位に置き、また兵科将校でも序列がきちんときめられ、特別な抜擢人事はかりにあっても大佐どまり、将官は先任序列に従う、というルールです。つまりこれは、人物よりも成績、現在の実力よりも過去の軍歴がものをいう制度でした。早くいえば、海軍兵学校の卒業成績順です。

この軍令承行令の成立は、明治建軍以来、「長州陸軍、薩摩海軍」といわれるように、鹿児島出身の者が海軍の中心派閥として勢威をふるったことに起因していました。明治の終りごろまで、同郷意識による薩閥の人事の横暴がまかりとおっていました。こうした情実をなくすために、緻密な考課表システムと、海軍兵学校卒業成績にもとづく、きちんとした序列制度が考案されたのです。平時の海軍にとってはまことに有効でした。派閥の専横はなくなり、独特の海軍家族主義によって、よき伝統を築くこととなった。しかし同時に、事務能力と上司のお覚えいかんによって出世が決まるという形式主義が、やがて根を張っていったことに海軍は気づかねばなりませんでした。この厳密な、ある意味では硬直した人事制度が、国家生死の関頭にたって、危機を乗り切るにふさわしい海軍中央および連合艦隊の陣容実現を妨げたのです。

当然のことながら、自ら機動部隊を率いたいという山本の願いはかないませんでした。海軍の序列のトップに近い者が、二段も三段も格下の役割を任じることは所詮無理な相談だった。機動部隊の指揮は、ほんとうは発案者のひとりでもある小沢治三郎中将にすべきでした。が、中将になって一年以上経なければ艦隊司令長官になれない、という不文律があった。小沢は中将になったばかり。それで軍令承行令に従って、先任の南雲忠一中将に託されることになったのはすでにお話ししたとおりです。

南雲中将が知っていれば

昭和十六年（一九四一）十二月八日早朝、南雲機動部隊による奇襲攻撃は成功します。第一次攻撃隊の、敵戦艦や飛行機、陸軍基地にたいする猛攻は、一方的ともいえる戦果をあげました。第一次攻撃を終え、航空母艦「赤城」にもどった攻撃隊総隊長、淵田美津雄中佐が南雲司令長官と草鹿龍之介参謀長に問われます。

「追撃をかける必要があると思うか」

淵田は、湾内にはまだ多数の巡洋艦が残っており、工廠《こうしょう》（艦艇修理・兵器弾薬製造工場）

や燃料タンクも手つかずであることを伝え、二次攻撃の必要性を主張しました。ところが南雲と草鹿は怯《ひる》んだのです。じつは真珠湾内に米空母が一隻もいなかったことがなにより不気味だった。敵空母戦隊は、真珠湾攻撃のことを太平洋艦隊司令部から報告をうけているに間違いなく、日本の艦隊と機動部隊を探しまわっているかもしれない。南雲は、敵を深追いして、日本海軍の虎の子の空母を失いたくなかった。はじめてしまった戦いは、この先長く続くものと彼は認識しています。南雲長官は決断を下しました。

「所期の戦果は達したものと認める。第二回攻撃を行っても、大きな戦果は期待しえないであろう。よって帰還する」と。

柱島泊地に控えている旗艦「長門」の作戦室では、機動部隊による「真珠湾再攻撃」の可否について激論が戦わされました。しかし機動部隊は、すでに高速で真珠湾をあとにしています。追撃を強く望んでいた連合艦隊司令長官山本五十六も、「南雲部隊の被害状況が少しもわからぬから、ここは現場の判断にまかせておくことにしよう。それに、いまとなっては引き返して再攻撃せよ、というのはもう遅すぎる」と、渋々追撃を諦めたのです。

わたくしは思う。ここでもし南雲忠一中将が、真珠湾攻撃にかけた山本の真の目的を知っていたらどうであったか、と。

真珠湾の勝利を早期講和のための契機とするには、これ以上ないほどのダメージを敵に与えねば話にならぬと、南雲は肚を決めて立ち向かった可能性がでてきます。余力を残すことに恋々とすることなく、刺し違える覚悟で第二次攻撃、さらに第三次攻撃をかけたのではないか。さらに索敵機を発進して敵機動部隊を探したかも……。

真珠湾攻撃を何のためにやるのかということを、もし機動部隊の指揮官に言い、その参謀たちにも言い、さらには作戦を統括する軍令部の参謀たちにもキチッと伝えていたならば、太平洋戦争緒戦の戦い方はおのずと違っていたことでしょう。戦後に会った連合艦隊参謀の佐々木彰中佐はしみじみと言っていました。「長官の真意がそこにあると知っていたら、われわれ幕僚ももっと協力的であったろうに」と。

真の目的を部下と共有すること、それはプロジェクト・リーダーとしてもっとも重要なことでした。いや、それこそがリーダーシップというものです。

山本の真意をここに繰り返します。全力決戦をもってそれに勝って敵の戦意を阻喪させ、そのうえで講和にもちこみ、獲得したすべてを譲って一挙に戦争終結に導くこと。日本海軍において、不幸にもそれは、山本五十六ただひとりの胸のなかにしかなかったのです。

レイテ沖海戦のオトリ艦隊

真珠湾攻撃における山本五十六と好対照をなす、「部下に作戦の真の目的を伝えた」ひとりの闘将がいます。第一機動艦隊兼第三艦隊司令長官小沢治三郎中将です。

昭和十九年（一九四四）十月、フィリピン奪還をめざして十万のマッカーサー軍がレイテ島に上陸しました。この米軍を撃滅しようと連合艦隊が全力をあげて戦ったレイテ沖海戦は、二十二日の艦隊出撃から戦場完全離脱まで、前後六日間にわたって戦われた史上最後の艦隊決戦でした。広大な戦場で、両軍あわせて艦艇百九十八、飛行機二千が死闘を繰り広げることになります。

小沢治三郎は明治十九年（一八八六）十月二日生まれ、宮崎県出身、海軍兵学校は三十七期で井上成美と同期。百七十九人中四十五番ですが、海大卒でした。それからややエリートコースに乗ったといえましょうが、艦隊勤務が多かった。太平洋戦争開戦時、フランス領インドシナを基地とする南遣艦隊司令長官の任にあり、マレー半島上陸作戦の護衛を十全にやりました。十六年十二月十日のマレー沖海戦では、チャーチルが自信をもって派遣した英東洋艦隊の象徴的戦艦「プリンス・オブ・ウェールズ」と重巡洋艦「レパルス」撃沈の総指揮もとりました。

とかく海軍と対立していた陸軍の将校たちが、陸軍と協調的なこの人だけはこぞって褒めた。「海軍でいちばん偉いのは小沢中将だ。彼がいなかったらマレー作戦は到底あのように迅速には運び得なかった」と。

空母中心の機動部隊を発案したのが、すでにふれたように小沢治三郎でした。太平洋戦争を前にして、「時代は戦艦から飛行機に移った」との先見の明があった。山本五十六や米内光政の対米協調派の流れにあった人物でもあり、適材適所でいえば、小沢さんこそ真珠湾攻撃の指揮官にしたらよかったと思います。

レイテ沖海戦より少し前の昭和十九年（一九四四）六月、戦局悪化のなかで小沢はマリアナ沖海戦を指揮しています。このときみずからが考え採用した戦術が「アウトレンジ戦法」。日本の飛行機の航続距離の長さを利用し、米軍飛行機の攻撃圏外から決戦を挑んだのです。作戦としては上出来なのですが、残念ながらこの戦法を実行できる技量のあるパイロットがすでに残っていませんでした。それに飛行機が「彗星《すいせい》」、「天山」など新鋭機ばかりで、これを乗りこなすことは非常にむつかしかったといいます。

レーダーとＶＴ信管という最新技術を使ったアメリカの迎撃によって、「マリアナの七面鳥撃ち」と評されるほど、片っ端から日本の攻撃機は落とされてしまいます。この敗戦によってサイパン島がとられ、本土空襲はもう目前となり、大日本帝国の勝利は絶無という状況に追いつめられてしまった。載せる飛行機を失った第一機動艦隊の空母は、海に浮かぶタライのように、無力な存在と化していたのです。

レイテ沖海戦が行われたのは、こうした最悪の状況下のことでした。連合艦隊はこの一戦に命運をかけました。しかし決意とはうらはらに、圧倒的威力をほこる米軍にまともに戦って勝てる見込みはない。苦悩の軍令部と連合艦隊司令部は、おどろくべき奇襲戦法をあみだします。水上艦艇の残りすべてを投入し、敵の上陸部隊を乗せた輸送船団を撃破しようという乾坤一擲の作戦です。超大型戦艦の「武蔵」、「大和」を中心とする第二艦隊(司令長官栗田健男中将)をもって、レイテ湾の米輸送船団へ殴り込みをかける。その際、ハルゼイ大将指揮する米大機動部隊が邪魔なので、小沢艦隊をオトリにしてレイテ湾から遠く北方へとおびきだそうというのです。

「連合艦隊司令長官自らが殴り込め」

参謀として小沢のそばにいた大前敏一大佐によれば、この作戦をめぐって軍令部と第一機動艦隊の司令部は、怒鳴り合いの大議論となったそうです。その果てに、ついに小沢が

「それなら、第二艦隊の指揮は他の者に任すことなく、連合艦隊司令長官（豊田副武）が自ら出ていってレイテ湾に殴り込め。そのくらいのことをしないで、無力なわれわれをオトリに使うという破天荒な作戦が成功するなどと、そんなうまい話があるかッ」と喝破したそうです。しかし、軍令部は耳をかさず、連合艦隊司令長官も日吉の慶応大学の校庭の下につくった地下司令部から出てこようとはしませんでした。

大本営海軍部が小沢に下達した命令は、「敵機動部隊を北方に誘致牽制し、栗田艦隊のレイテ湾突入を間接に援護する」のみならず、「いかなる機会をものがさず敵艦隊を捕捉撃滅すべし」というものでした。後者は時候の挨拶よりも空々しい建て前でした。わずかに残った戦闘機、艦上爆撃機を搭載していますが、訓練不十分の搭乗員は空母から発艦は辛うじてできても、着艦は無理。そんな技量でしかない攻撃隊、いわば丸腰の機動部隊に敵撃滅などできようはずがないのですから。

しかし、小沢中将は出発前、機動部隊の将兵らを前に、「何があっても敵の機動部隊を北に引っ張り上げる。栗田艦隊が必ずやレイテ湾に突っ込んで輸送船団をぶっ潰してくれる。この作戦はわれわれが犠牲になることで、はじめて成功する」と、作戦の目的が何であるかを明確に示したのです。小沢はさらにこう言いました。「オトリになるということはとにかく死ねということだ。存分に戦って、つまりハルゼイを北に引っ張りあげて、全艦が沈む覚悟で行こう」

　小沢さんは全滅覚悟で遠く日本本土から出発するのです。部下たちもその覚悟を固めます。太平洋戦争をひとわたり眺めてみても、部下にこれほどあからさまに「死んでくれ」と本心を曝け出した司令官は、ほかにいなかったのではないかと思います。オトリになるために諸君をみんな殺す、といったのですから。

　参謀副長だった菊池朝三少将によると、空母「瑞鶴」の艦橋で小沢司令長官は、「オトリだから、一刻も早い米機の攻撃を待ち望んでいる。早く発見されるのを望んでいる。部下の殺されるのを望んでいる。こんなバカな話はない」と言っていたそうですから、その苦衷のほどが窺い知れます。ともあれ小沢艦隊は、司令官以下すべての乗組員が作戦目的を完璧に共有していました。その成功がみずからが全滅することを意味していることを、です。

　実際、米軍の索敵機が上空を旋回したときは、みんなして雀躍《こおど》りしたらしい。「敵、索敵機二機、上空にあり」との知らせが入ると「バンザイ!」と叫んだと。ハルゼイ大将ひきいる米機動部隊は、まんまとオトリにかかった。さあ、引っ張り上げろ、です。小沢艦隊は全力でルソン島沖を離れ、敵を北方にひきよせました。

いっぽう栗田艦隊は、太平洋戦争のナゾの一つとして有名な、ご存知の一八〇度反転をしてしまいます。すなわち、二十五日正午ごろ、砲撃開始直前に、なぜか栗田艦隊はレイテ突入をやめてくるりと反転し、戦場を去っていってしまった。乾坤一擲も何もあったものではない。

これを知らず、つまり作戦の失敗を知ることなく小沢艦隊の死闘は続けられました。小沢艦隊のすべての空母「瑞鶴」、「瑞鳳」、「千歳」、「千代田」は米攻撃機の前に相ついで沈没。小沢らの自己犠牲も、栗田艦隊の謎の反転によって実を結ぶことはなかった。小沢は「瑞鶴」とともに沈もうとしましたが、参謀たちに抑えられ、抱きかかえられるようにして、軽巡洋艦「大淀」に移乗させられました。まだ残って戦っている艦があるのに、勝手に死ぬことは許されなかったのです。

しかしこれをもって、小沢艦隊の犠牲を無駄死にと、わたくしは言ってほしくないのです。文字どおり命がけで与えられた任務を遂行した敢闘は、見事であったと賛辞をおくりたい。あれだけ総員が本気になって、撃滅されるために戦うことができたのは、部下にはっきりと明確な目標を与えたからだと思っています。

小沢治三郎の語らざる戦後

昭和三十四年（一九五九）の秋だったと思います。わたくしは東京世田谷の閑静な住宅街に小沢さんを訪ねていきました。住所に行くと違うひとの表札の一軒家があって、「ごめんください」と声をかけると庭にまわれと言われました。すると庭に面した奥の部屋に小沢さんがおられた。自分の屋敷をひとに貸し、奥の二間を区切って老夫婦の住居としているという。「庇を貸して母屋をとられましてな」と小沢さんは笑っていました。

「この頃、どうお暮らしですか」と尋ねると、「いつもラジオを聞いており、とりわけ英語講座を楽しみに聞いておるが、英語というものはこんなに難しいものかと今さらながら思います」などとおっしゃる。こちらの目的は、もちろん戦争について聞く事です。都合三回足を運びましたが、ちっとも語ってくれないのです。

「もうそっとしておいてもらいたい。戦争のことは、話すことはおろか、聴くも読むもゴメンだ。まあ、そうだな、このままそっと消えていきたい気持ちだよ。ほんとうに数多くの優秀な人を死なせてしまった。申しわけないと思っている。それを思うと、周囲の情勢がガラリと変わったからといって、主義主張を変えて平気な連中の多いことを、わしは心から残念に思うのだが……」

ようやくこれだけ語ってくれました。生き残った将官たちの戦後の変節に憤懣の棘をチクリと刺し、口を真一文字に結んだのを覚えています。オトリとして撃滅される作戦任務を遂行した小沢中将。空母を沈めたくさんの部下を死なせた悔いは、生涯去ることがなかったことと思います。

ずいぶん後になっていい話を聞かされました。昭和四十一年（一九六六）十一月、死を直前にした小沢さんの枕元に駆けつけた栗田に、「あんときゃなぁ……（やむをえんかったよなぁ）」と、小沢さんははっきりといった。あとのほうは聞こえないくらい小さな声で。最期のときになってまで、小沢さんは栗田をかばいつづけていたというのです。戦場にあったものだけが知る、余人には知り難い深い想いがあったのでしょうか。

リーダーの条件その三、焦点に位置せよ

「焦点に位置せよ」とは、いいかえれば「権威を明らかにすべし」ということでもあります。いちばん上に立つものは、自分がどこにいるかということを絶えず明確にしておかなくてはいけない。危機のとき、自分がいかにリーダーにふさわしい人間であるかを確然と示さなければならない。下の人たちの視線は必ずトップの人にそそがれます。そのときトップの人のありようが大事、ということです。これがまことに重要なポイントなのです。

昭和の陸海軍にも一つだけいいことがあった。作戦命令書にはかならず「指揮官はこれこれにあり」と、リーダーがいる場所を明示していました。上に立つ責任者が、どこにいるのかわからないという状況を生み出すことを回避しようとしたのです。3・11の際、ときの首相はヘリコプターに乗って現場視察とやらに赴き、結果としては何時間も指揮中枢から姿を消した。あれはいけませんな。

海軍の場合はとくに「指揮官先頭」という言葉があり、とにかくリーダーは先頭に立て

といいました。といっても先頭に立って最初に戦死してしまうのを心配してか、実際はちょっとうしろにいることが多かったようですが。

わが古巣、文藝春秋の昔話

二・二六事件の若い将校の告白に倣うわけではありませんが、もうお話ししてもいいでしょう。五十年も前の、文藝春秋での出来事です。

昭和三十六年（一九六一）の一月に発売された「文學界」二月号に、当時二十六歳の若き芥川賞作家、大江健三郎の小説『セヴンティーン』第二部、「政治少年死す」が掲載されました。前年に起きた社会党委員長の浅沼稲次郎暗殺事件に材をとって、犯人の少年をモデルに描かれた小説です。作中の、主人公の描写に右翼が激怒したのです。あの純粋な愛国少年をピエロのように扱い貶めたと。

「文學界」発売の直後には、嶋中事件が起きていました。深沢七郎の小説『風流夢譚』が前年十二月号の「中央公論」に掲載されたことから、皇室をおとしめるような描写に抗議する右翼少年が嶋中鵬二中央公論社社長宅を襲って、家人ふたりを殺傷したという事件です。そんなときに、右翼のあるグループが社に抗議に押しかけてくると、事前に警察から知らされました。

会社にやって来たのはぜんぶで十人くらいだったかと思います。応接室で直接応対したのは「文學界」編集長とデスク、そして編集担当者でした。薄い板壁で隔てられたとなりの部屋にはガタイの大きな若手社員が集められた。いざというときの要員としてそばに控えておれ、というわけです。三十歳のわたくしはその中にいました。

たいへんな怒鳴り声がガンガンと響きました。すごかったです。長い時間でした。たしか七時すぎ、状況報告のために部屋を出ていったひとりがもどってきて、小声で「おい、お偉方は全員お帰りになったようだぞ」と言うのです。わたくしはこれを聞いて「なんだ、この会社は！」とムカッとしました。で、「えらいのはだれもいねえのか？」「ひとりだけいる」。誰かと聞けば、「（社長の）佐佐木茂索が一人で社長室にいる」と。

これを聞いたときには、打って変わってまことに力強く思ったのを覚えています。思わず「茂索さんは、えらい人だなあ」と、感嘆の言葉が口をついて出た。最高責任者が持ち場に堂々といるといないとでは、士気に与える影響がまったく違うのです。これが要するに、「権威を明らかにした」ということです。われは社長室にあり、と。コトがすむまで帰らぬ、と。簡単なようで、なかなかできないことですよ。

「俺は辞職なんかせん」

「われここにあり」と示したことがまことに大きな力になったという好例は、戦争を終結させるというたいへん難しい過程に見ることができます。えらかったのはときの陸軍大臣、阿南惟幾です。最後まで「われ陸相として内閣にあり」を貫きました。阿南は明治二十年（一八八七）東京都牛込生まれ、陸士十八期、卒業成績三百人中九十番、でも陸大卒。ただし、成績は香しからず、でした。終戦時の首相の鈴木貫太郎が昭和ひとケタの時代に侍従長だったとき、阿南は侍従武官をつとめて、ともに昭和天皇のそばに仕えています。

さて、ポツダム宣言受諾をめぐる御前会議が開かれたのは昭和二十年（一九四五）八月九日のことです。受諾か徹底抗戦かで意見は真っ二つに分かれ、日づけが変わった十日の未明、鈴木首相が聖断を求めました。

「それならば私の意見をいおう。私は外務大臣の意見に賛成である」

天皇がそう語り、受諾の結論を得ることになりました。御前会議ののち、ただちに閣議が再開されます。陸相の阿南はこの席で鈴木首相にたいし、「敵が天皇の大権をハッキリみとめることを確認しえないときは、戦争を継続するか」ときちんと尋ねています。首相はこのとき、「もちろん」と答えました。

夜明け前に閣議は散会しましたが、陸軍出身の安井藤治国務相が、士官学校同期の阿南の心情と立場を思いやって、ざっくばらんに問いかけています。

「阿南、ずいぶん苦しかろう。陸軍大臣として、きみみたいに苦労する人はほかにいないな」

阿南が鈴木首相に念を押した「国体護持」にくわえ「武装解除は自主的にすること」も、陸軍としては譲れない条件でした。しかし閣議で陸軍の希望を押し通すことはきわめて難しい情勢にあります。このときの阿南の答えに注目したい。

「どんなに苦しくとも、俺は辞職なんかせんよ。どうも国を救うのは鈴木内閣だと思う。だから俺は、最後の最後まで、鈴木総理とことをともにしていく」

阿南の真意はどうであったか諸説あるのですが、かれの肚のなかにはこのときすでに、鈴木とともに戦争を終わらせる覚悟があったのではないかとわたくしは思います。

クーデター計画

いっぽう陸軍中央の徹底抗戦派は聖断が下ったのを聞いて驚愕します。本土決戦の準備を着々と進めているさなかでしたから、幕僚たちは猛り狂いました。阿南陸相に彼らが密かに練ったクーデター計画が明かされたのは八月十三日のこと。その内容を以下に示します。

一、使用兵力：東部軍および近衛師団
二、使用方針：宮城と和平派要人とを遮断す。その他、木戸（幸一）、鈴木（貫太郎）、東郷（茂徳）、米内（光政）らの和平派要人を兵力をもって隔離す。ついで戒厳に移る
三、目的：国体護持に関する我方条件に対する確証を取付けるまでは降伏せず、交渉を継続する
四、方法：陸軍大臣の行なう警備上の応急的局地出兵権を以て発動す
ただし「右の実行には、大臣、（参謀）総長、東部軍司令官、近衛師団長の四者が一致することを条件とする」

具体的には八月十四日午前十時に予定されている閣議の席に乱入し、主要な和平派を監禁して天皇に聖断の変更を迫ろうというものでした。閣議の席が一大好機。そこに押し入れば要人は一網打尽にできます。

その場で認可をもとめようとする徹底抗戦派の幕僚らにたいして阿南は、「明朝、梅津美治郎参謀総長と会談し、その席で回答する」と約束します。しかし翌十四日午前七時、梅津参謀総長はこの計画に反対を表明。それならば、と阿南も反対。陸相と参謀総長の反対にあって、いったんクーデター発動計画は潰えることになるのです。けれど幕僚たちは諦めません。そのひとり、阿南の義弟でもある竹下正彦中佐が「兵力使用第二案」を作成しているさなかに飛び込んできたのは、急遽閣議がなくなって、午後に予定されていた御前会議がくりあげ開催されるという知らせでした。

阿南陸相の受け止め方

この御前会議でふたたび聖断が下りました。天皇みずから無条件降伏の受け入れを表明。このときクーデター計画は完全に水泡に帰したのですが、それでもなお、竹下は徹底抗戦の実施を考えます。「クーデターはならずとも、全陸軍が一丸となって最後の一兵まで戦えば死中に活をうることが可能だ。だがそのためにはどうしても陸軍大臣に全軍の先頭に立ってもらう必要がある」と。

竹下は阿南のもとに赴き説得に当たりました。しかし阿南は「最後の御聖断が下ったのだ。軍人たるものは御聖断に従うほかない」とこれを拒絶。竹下は、では、とばかりに「閣下、思い切って辞職をしていただきたい」と求めました。陸相の不承知で兵力行使ができないとしても、阿南が辞職すれば内閣は総辞職となり、少なくとも終戦を先延ばしにできるのです。

御前会議は憲法上の正式機関ではありませんから、法制上は御前会議で決めたことも、閣議で満場一致で決定されなければ国家意志とはなりません。内閣が倒れれば、すべてがふりだしに戻って終戦を回避できる。竹下は必死の形相で食い下がります。しかし阿南は動きませんでした。

阿南惟幾はなにがあっても自分について来いと、その権威を示し続けていました。ポツダム宣言受諾と決定したあと、「不服なものは俺の屍を乗り越えて行け」と、死んでも決定を守る意思を示します。辞表なんか出さず、内閣にあって陸軍六百万の重みを全身で耐えた。徹底抗戦派の将校たちの必死の願いをぎりぎりまで引っ張りながら、最後に葬り去った。帝国陸軍七十年の歴史に自らの手でピリオドを打つことは、けっして簡単なことではなかったと思います。

彼は鈴木貫太郎内閣の閣僚としてともかくも職責を全うし、その上で、敗軍の将として責任をとって自決する道を選びました。八月十五日の早朝、侍従武官をしていたころに天皇からもらったワイシャツを身に着けて割腹自殺を遂げています。遺書は「一死以テ大罪ヲ謝シ奉ル」と、国を滅ぼした陸軍の代表者としてお詫びする、というものでした。

もし、あのとき陸軍大臣が阿南惟幾でなかったら、日本の敗戦はまったく違った成り行きとなったことでしょう。それは、さらなる犠牲をともなうものであった可能性が高いとわたくしは思っています。国の崩壊を引き寄せた可能性もまた、低くはないと。

阿南という人は、いわゆる統制派、皇道派といった派閥や政治軍人とは無関係に、いかにも軍人そのものといった軍歴でここまできた軍人です。「統率は人格なり」「徳義は戦力なり」を信条としていました。そうした純粋な面が絶大な信頼を部下たちから得ていて、その人間性が最後の最後のときに生かされたのだと思います。いい人が日本帝国最後のときにいたものでした。歴史のめぐり合わせの妙、といいましょうか。

駆逐艦乗りの気風

さて、陸軍のトップから、急転直下で、次は海軍の駆逐艦長の話に転じます。

本題に入る前に駆逐艦について、少しく説明をしておきます。開戦前には百十一隻の第一線級の駆逐艦を擁していましたが、終戦時に動けた駆逐艦は五隻でした。「雪風」「潮」「響」「神風」「春風」です。いずれも艦長や航海長、砲術長など士官は交替しましたが、ほぼ同じ下士官と兵の乗組員によって戦っていました。

アメリカ海軍では駆逐艦のニックネームを「ティンカン（Tin Can）」といいます。つまりブリキ缶、見事なたとえです。というのも、いちばん厚い中心部でもほぼ二十ミリ、その左右の艦底部は六〜八ミリ、舷側は吃水線付近が七ミリくらいにすぎません。特殊高張力鋼とはいえ、こんなに薄い鉄板に身を託して男たちは、荒波に歯向かい身を挺して敵艦に肉迫して魚雷をぶちこんだ。駆逐艦の乗組員は約二百五十人。居住区が狭いので、艦長から一水兵までの距離はおのずと近くなります。兵学校出の士官たちも、駆逐艦に乗る水雷屋には猛者《もさ》が多かった。そこから生まれる一体感や相互の信頼感、それがそれぞれの駆逐艦の艦風をつくりあげていました。

駆逐艦の下士官兵は一人ひとりが機械の部品のように持ち場で黙々と働き、しかも動きに無駄がなくて迅速であったといいます。かれらは正確に、自分がしなくてはならないことを知り抜いていた。ここに勇猛で誠実で人情味あふれる艦長がのれば、文句なしに一騎当千の駆逐艦がつくりあげられるわけです。駆逐艦の艦長はいわば現場監督。豪傑が多かった。事実、駆逐艦ほど艦長の勇気、度胸、闘志といった精神力とリーダーシップが重要な役割を果たす艦はなかったのです。

魚雷回避の達人といわれた駆逐艦長がいました。海兵五十五期、栃木県出身の寺内正道中佐です。戦艦や空母といった菊のご紋章のついた大型艦には縁がなく、乗ったのは駆逐艦ばかり。「雪風」の第三代艦長としてマリアナ海戦、レイテ沖海戦を戦って、最後は沖縄の特攻作戦に出ています。「雪風」は初代艦長のときから激戦ばかりをくぐりましたが、全戦闘つうじて戦死者はわずか四人です。

昭和四十五年(一九七〇)秋、「雪風」の四人の元艦長を集めて座談会をやったことがあります。とにかくみんな酒はがぶがぶ飲むし、話は弾む。痛快無類でした。寺内艦長は途中で編集の女性部員に「オレの息子の嫁になれ!」などと言い出しましたが、それはともかく、なぜ「雪風」がそんなに強かったのかと尋ねると、なにより艦長への信頼が重要である、ということを彼らは口をそろえて言いました。ふだんの出入港のときが腕の見せどころであったと語ったのが寺内さんです。

「どこの港に入ろうと、ぐるっと回れ右をして後進に入ってキュッといくでしょう。それが、隣の艦がまだもたもたして、岸から引っぱったりしている。こっちはすぐつないで、

『解散ッ、上陸用意ッ』とやる。兵隊さんの意気ごみが違いますよ」

要するに、せっかく帰港してもモタモタして陸に上がるのが遅れたら、いい女は全部ほかにとられちゃう。その点「雪風」は選りどりみどりで先にいい娘を選べた……とは、なかば冗談だったでしょうが、いずれにしても艦長の操艦の巧拙が、艦の運命を支配していたことはまちがいない。

艦長がつねに適切な指示を与え、態度が自信に満ちて、右顧左眄《うこさべん》することがなければ部下の眼に確乎たる存在として映るものなのです。

「大和」沖縄特攻でも沈まず

昭和二十年四月、戦艦「大和」を中心とする第二艦隊の沖縄特攻作戦での、駆逐艦「雪風」の奮戦を紹介したい。第二艦隊は四月六日、戦艦「大和」と軽巡洋艦「矢矧」、そして「雪風」をふくむ駆逐艦八隻が沖縄に向かいました。

「大編隊、左二五度、高角八度、右に進む」

見張員の大声が寺内艦長に届けられました。百機以上もの敵攻撃機が艦隊に襲いかかってきます。艦長たるものふつうは艦橋にいて指揮を執る。ところが寺内は違いました。戦闘がはじまると、艦橋の羅針盤の真上、屋根に開いた天蓋のふたをとって、ねじり鉢巻の大入道、寺内艦長は上半身を突き出していたのです。航海長の肩車に乗ったまま指令を出す。右肩を蹴ると面舵、左なら取舵、と決めました。いささかの遅滞も許されない、ささいな過ちがあってもならない。瞬間の逡巡が致命的になります。

「飛行機、右三〇度、本艦に向かってきます」

「爆撃機、左一〇度、本艦に向かう」

見張員の報告がつぎつぎに飛びます。おなじ機影を別々の角度から見て、それぞれが報告してくる場合があります。それらを見分け、適切な処置をズバリと艦長はくださねばなりません。見張りの報告だけを聞いていたら判断が間に合わない。天蓋から首を出していたのは自分の眼で状況をたしかめるため。ねじり鉢巻は、鬱陶しい鉄兜などかぶっていられないからでした。

敵攻撃機群は狂ったように波状攻撃を繰り返し、数トンの爆弾を投下し、機銃掃射を艦橋中心に加えてくる。しかし寺内は、そのただなかにあって首をすくめようともせず、足で航海長の肩を蹴って「面舵一杯」「取り舵一杯」と号令をかけつづけていたといいます。応戦すること二時間十分あまりののち、四月七日午後二時二十三分に「大和」は沈没。なお海上に浮いているのは大破した「涼月」のほか、被弾している「冬月《ふゆづき》」、そして無傷の「初霜」、「雪風」、駆逐艦四隻だけでした。指揮権は「冬月」坐乗の駆逐隊司令にゆだねられます。ただちに寺内艦長は信号を送った。

「すみやかに行動を起こされたし」

つまり「大和」が沈もうと、一艦でも残っているかぎり沖縄突撃の命令を果たそうとしたのです。ところがその願いはかないません。第二艦隊長官伊藤整一中将が「作戦中止」の命令をすでに出しています。それを受けて、連合艦隊司令部より、生存者を救助したのちただちに帰投せよ、との命令が残存駆逐艦長に届けられたのです。連合艦隊最後の戦いがこのとき終わりました。

この人についていけば大丈夫

「寺内艦長は人間が大きかったのかな。毎晩のように士官と酒を飲んでは大きな声で笑っていました。その声が不思議なくらい安心感を与えてくれたんです。この人についていけば大丈夫だ、うちの艦長が艦橋で指揮に立ったら、ぜったい敵の魚雷も弾も当たらない、と思っていました」とは、元「雪風」乗組員から聞いた話です。どんな戦闘でもけっして沈むことはないと思えば、戦いぶりもおのずと果敢となる。要するに寺内が、ねじり鉢巻の艦長として恐ろしいほどの権威を発揮したことは間違いない。「雪風」の強さ、そのほんとうの理由はこれだったのです。

長い戦いに勇戦して生き残り、やっと海のつとめから解放されたと思った「雪風」は、まだまだ解放されませんでした。昭和二十年（一九四五）九月十五日に特別輸送船に指定され、外地にある軍人、民間同胞の引き揚げ業務にあたりました。

乗組員は半数以上退艦し新しい乗務員が補充されてくる。ですが失業救済よろしくズブの素人までが入ってきた。それに加えて敗戦によっていままでの上下関係がおかしくなっていました。ある艦では、艦長が乗務員に海中に投げ込まれるという事件まで起きています。

これに反して「雪風」は、戦争当時からの乗組員が多数残った関係もあったのでしょうが、規律を厳正に保ち、帝国海軍の後始末を立派にやりおおせた。昭和二十一年（一九四六）二月から十二月まで、三万八千七百海里を航海し、一万三千人の人員を輸送。復員輸送に貢献しました。その役目を任された後任艦長（佐藤精七少佐、高田敏夫少佐）を支えたのは、奇跡の駆逐艦、「雪風」艦長たる矜持ではなかったか、とわたくしは思うのです。

アメリカから賞賛された山口多聞

「傑出した提督で山本五十六の後継者と見なされていた」

『太平洋戦争アメリカ海軍作戦史』の著者、元米海軍少将で歴史家のサミュエル・エリオット・モリソンにそう評されたのが、山口多聞少将です。山口は明治二十五年（一八九二）、東京都小石川生まれ。海兵四十期を恩賜の軍刀組、次席で卒業しています。海大は優等で卒業。プリンストン大学留学経験もあります。エリートコースそのものを歩いてもよかったのに、なぜかこの人は海軍中央よりも艦隊勤務が多かった。文武両道の人であったのでしょう。昭和十五年、四十八歳で第二航空戦隊司令官に任官し、空母「飛龍」と「蒼龍」の二艦を指揮することになります。戦略観も決断力もあって頭もいいが、なにより特筆すべきはその勇猛さでした。

昭和十八年（一九四三）四月十八日、よく知られているように山本五十六は前線視察に赴く途中、ブーゲンビル上空でアメリカ空軍P38戦闘機の機銃掃射を受けて命を散らします。これは暗号傍受によって山本の行動予定を完璧につかんでいたアメリカ側の、待ちぶせ攻撃によるものでした。米太平洋艦隊司令長官のニミッツが、山本五十六撃墜を決断したときの逸話が残っています。

ニミッツは情報参謀エドウィン・レイトン大佐に「山本が死んだあと、もっと優秀な者がこれにとって代わると困るが、そういう軍人はいるか」と尋ねます。レイトンが答えていわく、「山口多聞が優秀ですが、すでにミッドウェイ海戦で死んでおります」。これなどモリソンの山口評をそのまま裏書きするようなやりとりでした。レイトンはさらに、「山本撃墜は（ニミッツ）長官が撃墜されるのと同じです。山本に代わりうる人物はいませんなどとお追従を言ったともつたえられております。ニミッツはさぞ心のうちでほくそ笑んだことでしょうが、それはともかく。

真珠湾攻撃では、燃料タンクの小さい「飛龍」と「蒼龍」をはずすことがいったんは決定されたのですが、山口多聞は「帰りは漂流してでも帰ってくるから連れていけ」と、第一航空艦隊司令長官南雲忠一中将の肩をわしづかみにして迫ったといいます。へっぴり腰の南雲と違って闘志満々です。艦底を改造して燃料タンクをつくらせ、ついに作戦に加わることを認めさせたのでした。

山口がその存在を見事に全軍に示したのは、すでに何度もふれているミッドウェイ海戦においてでした。くり返しますが、そのミッドウェイ海戦は、昭和十七年（一九四二）六月五日にはじまりました。

この日夜明け、南雲機動部隊がミッドウェイ島の飛行場を空襲。南雲司令部では敵空母は付近の海面にはいないと判断し、島への第二次攻撃開始を決定します。しかし、実はこれは索敵の失敗による間違った判断でした。最初の索敵機が敵機動部隊の上空にあった雲の上を飛んでいた。索敵機は雲の下を飛ばねばならなかったのに、敵空母はいないと南雲長官以下ほぼ全員が勝手に確信していたために、そうした誤りを犯した。ところが、三十分遅れて発進した索敵機が偶然に敵艦隊を発見。午前四時二十八分、「敵ラシキモノ一〇隻見ユ」と南雲司令部に無電を入れました。

その報せを受けたとき、「飛龍」艦橋の山口多聞少将は「直ちに発進の要ありと認む」と司令部に攻撃機の発進を意見具申するが、南雲はこれを無視。ようやく敵機動部隊攻撃命令を全軍に発したのは午前五時五十五分のことでした。

この一時間半に近い遅れは、時間との競争ともいうべき航空戦闘においては致命的でした。魚雷への兵装転換なんかやってモタモタしているときに攻撃がしかけられたのです。午前七時二十四分頃、米空母から飛来した急降下爆撃機約五十機は、南雲が坐乗していた空母「赤城」、そして空母「加賀」「蒼龍」につぎつぎと命中弾を撃ち込んだ。三艦は大火災を起こし、海上でのたうちまわります。

一瞬の決断

南雲司令部との連絡が杜絶となった、そのときです。ただ一艦残った空母「飛龍」の山口は大敗北を目前にしながら、自分より先任の第八戦隊の阿部弘毅《ひろあき》司令官に「我、いまより航空戦の指揮を執る」と電信を打って、勇猛果敢に敵に突進していくのです。本来であればハンモック番号で上の阿部少将の指揮を仰ぐべきところです。けれどこの危機的状況にあっては、航空戦では専門家を自負する自分が指揮を執ったほうがいいと即断し、命令系統を逆転させたのでした。あっぱれな率先した指揮ぶりです。なかなかこうはいかないものです。阿部もへたに張り合わずに認めた。これもすごい。

山口は残存の戦闘機、艦上爆撃機や艦上攻撃機をすべて「飛龍」に着艦させ大奮闘します。こっちは空母一隻、敵は三隻、そんなこと屁とも思いません。第三次攻撃隊までを繰り出し敵空母「ヨークタウン」を大破させることに成功しました。とどめを刺したのは田辺弥八艦長（中佐）の「伊号一六八」潜水艦による雷撃でしたが。しかし「飛龍」も午後二時三分、ついに敵艦上爆撃機からの攻撃をうけて航行能力を失います。最後に総員退避を命じて、艦長の加来止男《かくとめお》大佐と山口多聞だけが「飛龍」と運命をともにしています。

ふりかえれば空母三隻がやられた時点で戦場の将兵たちには、もう勝ち目はないこと、負け戦さであることがわかっていたはずです。炎上する味方の空母三隻を目の当たりにして闘志を失わないものはいません。あとはいかにして敵機の攻撃から自分の身を守るか、を考える。そういう意気消沈した部隊の士気を揚げさせ立て直すことは、容易《たやす》いことではありません。そんなさなか、「我、いまより航空戦の指揮を執る」は、モラールを一変させる名セリフでした。

部下たちにもう一度奮起をもとめて一矢を報いた。あえて焦点に進み出た山口多聞のファイトとスタミナたるや恐るべし。全力を部下将兵に発奮させたこの人は、モリソンに言われるまでもなく将の将たる男でした。

敵は必ず硫黄島に来る

焦点に身を置くということは、かくも辛く厳しいことなのです。太平洋戦争中、これまた苛烈な激戦のひとつとなった硫黄島の戦い。その焦点に自ら進んで身を置いた栗林忠道中将についても、ぜひふれておきたい。

栗林は明治二十四年（一八九一）に信州松代藩士の家に生まれました。陸軍士官学校時代から秀才の誉れ高く、陸軍大学校に進み、ここも恩賜の軍刀組の二番で卒業。以降、アメリカ駐在武官、軍務局課員、カナダ公使館附武官、騎兵第七連隊長……こう軍歴をあげるといかにもエリート軍人のようですが、さにあらず。東條英機に疎んじられて中央から遠ざけられていきました。

彼が第一〇九師団長に着任したのは昭和十九年（一九四四）六月のことです。この直後にサイパン、七月にはグアム、テニアンなどマリアナ諸島に米軍が上陸と、戦局は最終局面を迎えていました。もしマリアナ諸島を米軍にとられた場合には、長距離爆撃機B29による日本への往復航行が可能となり、本土空襲が必至となります。そこで大本営は小笠原諸島を本土防衛線と定め、ここに陸海の航空戦力を集中して一大決戦に出て、敵を撃滅する方針を決定したのです。第百九師団を主力に大本営直轄の小笠原兵団を編成し、栗林師団長を兵団長に任命しました。

しかし、対策は遅きにすぎました。マリアナ諸島の島々の戦闘は玉砕をもって終結します。栗林中将はこのとき、米軍はかならず次は硫黄島に来ると判断します。硫黄島はその名のとおり全島のいたるところに噴煙がふきだし、硫黄ガスがたちこめています。湧き水がなく、飲料水は雨水を貯めるか噴出する水蒸気を濾過して使うほかありません。栗林は小笠原諸島の中心地である父島に司令部を置かず、あえて自然環境劣悪な硫黄島にみずから出ていきました。彼には硫黄島こそが攻防の焦点になるとわかっていたからです。

硫黄島はB29の発進するサイパン島と東京のちょうど真ん中に位置し、島には飛行場が三つもある。栗林の目算どおり、米国の統合参謀本部は日本本土の焦土作戦を遂行するために、硫黄島を重要攻略拠点に定めていました。硫黄島からであれば、航続距離のある戦闘機P51を、B29爆撃機の護衛として発進させることができるからです。日本軍にとっては、この島をとられたら本土防衛は困難、というより絶望的になります。栗林中将以下、送り込まれた将兵の数はじつに二万を超えました。米軍の来攻にそなえて鉄壁の防衛陣を布かねばなりません。

栗林は陸軍の伝統的な戦術だった敵上陸を迎撃しての「水際撃滅」をしりぞけました。可能なかぎり長期持久し、ひとりでも多くの敵兵を道づれにする。かれはそのためにアッツ島やサイパン島で行なわれた「バンザイ突撃」をつよくいましめた。

栗林は硫黄島をくまなく歩いたそうです。脚絆を巻いて、水筒を提げ、指揮杖をついて島じゅうをめぐった。そうやって地形を頭のなかに叩き込んで自分の目で情報を得た。そして地下一五から二〇メートルの深さに陣地をつくり、それぞれの陣地を地下道でつなぎ、どんな砲爆撃にも耐えられる頑丈さをもつ陣地を構築していったのです。記録によれば、地下道は延長一八キロが完成していたといいます。兵団長たる栗林中将による陣頭に立っての指揮がもしなかったら、はたしてここまでの準備がなし得たでしょうか。

陣地を取られてからの反攻

昭和二十年二月十六日朝、米軍の総攻撃がはじまります。三日間で叩き込まれた爆弾一二〇トン、ロケット弾二二五〇発、海からの砲弾三万八五〇〇発。艦砲射撃と空母艦載機による爆撃で島は焼けただれ、擂鉢山はその形を変えたといいます。日本軍の将兵はその地中にひそみ、じっと息をつめてアメリカ兵の上陸を待ち受けました。

三日後の朝、もはや抵抗はないであろうと上陸した海兵隊を、日本軍の猛反撃が襲います。最初の二日間で海兵隊は少なくとも三千六百人以上の死傷者を出した。米大統領ルーズベルトも、あまりの死傷者数の多さに息をのみ、統合参謀本部も世論を考慮して、硫黄島の戦闘詳報を発表することをさしとめたほどでした。

二月二十三日に擂鉢山頂上に星条旗が押し立てられ、従軍カメラマンのローゼンタールがそのときに撮った写真が、第二次世界大戦中に撮られた写真のなかでいちばん有名な一枚となったのはご存知のとおりです。その三日後に元山飛行場地区の日本軍主陣地が米軍に占領されました。前日二十五日夕方には、日本軍守備隊の兵力は五分の一にまで減少。米軍は二十四日にはさらに海兵二個師団を上陸させており、その上陸兵力はじつに六万人に達しました。戦いが十数日を経て三月に入ったときには、もはや結末は見えていました。三月十七日、ついに一兵の救援もよこさなかった大本営に、栗林中将は決別の電文を送った。同じ日、彼は師団司令部洞窟内の部下たちに最後の訓示をしています。

「たとえ草を食み、土を齧り、野に伏するとも断じて戦うところ死中おのずから活あるを信じています。ことここに至っては一人百殺、これ以外にありません。本職は諸君の忠誠を信じている。私の後に最後までつづいてください」

この命のもとに、残存将兵が最後の突撃を敢行したのは三月二十六日未明のことでした。栗林中将は前年の陣地構築着手からそのときまで、焦点のまん真ん中に立ちつづけて作戦計画を明示し、みずから指揮を執りつづけたのです。

硫黄島の戦闘における死傷者数は、米海兵隊の二万五千八百五十一名に対し、日本軍の犠牲二万一千百四十九名（うち戦死二万百二十九人）。太平洋戦争で、米軍の反攻開始ののちにその死傷者が日本軍を上まわったのはこの硫黄島だけでした。栗林が焦点に立ったことがもたらした、奇跡の敢闘であったとわたくしは思います。

阿南、寺内、山口、栗林と四人の指揮官の先頭に立っての指揮ぶりは、ほんとうに見事というしかありません。言葉では簡単にいえますが、いざとなると、つまり追いつめられると人間は何とか身をかわしたくなるものです。ふだんの大言壮語もどこへやら、肝腎のときに頼むに足らぬ人が多いことはもう誰にも経験あることと思います。「焦点の位置に立て」とわかっていても、さわらぬ神に祟りなしと思いたくなる。考えてみると、この格言はリーダーにはもっともいけない言葉でありますな。

第五章

太平洋戦争にみるリーダーシップⅡ．

リーダーの条件その四．情報は確実に捉えよ

情報という言葉はいまやたらにいわれています。現代人は〝情報化社会〟という概念にもうどっぷり。しかし、情報というのはまことに厄介なものなのです。なかには単なる雑音でしかないものもある。これが秘密情報ですなんていわれるとすぐ信じてしまう。インターネット上のガセネタや噂だって、それが情報と思う人もある。

そうではありますが、とにかく大事なのは、情報は自分の耳でしっかりと聞く、ということです。いろいろな情報があるなかで、出所がわからない情報を大事にして、とんでもない判断を下すということがあるからです。まず、それを大前提にして話を進めます。

レイテ沖海戦ナゾの反転

先に、小沢治三郎のレイテ沖海戦での奮戦について述べました（一七六ページ参照）。

「栗田艦隊の謎の反転」については、砲撃開始直前に、なぜか栗田艦隊はレイテ突入をや

めて一八〇度反転し、戦場を去った、とのみ申しましたが、ここでもう一度、今度は栗田の側に立って見てみることにします。

栗田健男は茨城県生まれで海兵三十八期、卒業成績百四十九人中二十八番、まあまあの成績で、しかも海大を経ずに司令長官に就任した稀有な将官で、海戦当時、五十五歳でした。海軍生活三十四年のうち陸上勤務は約九年のみで、ほとんど駆逐艦と巡洋艦の上で過ごしています。海軍軍人にはどうやら生死に関する思想が二つあり、「左へ行くか右へ行くか不明のときは死ぬ方へ行け」という考え方と、「死を意義あらしめるために慎重に行動せよ」という思想。山口多聞は前者の典型で、栗田健男は後者であったそうな。そのせいもあってか、当時から栗田の戦闘指揮ぶりにはややもすれば優柔不断、避敵の傾向があったといわれています。

栗田艦隊は途中、旗艦「愛宕」、「武蔵」をはじめ多くの艦を失いながら、昭和十九年（一九四四）十月二十五日朝、めざすレイテ湾口まで二時間という距離に近づきました。栗田艦隊の攻勢にあって、艦隊の大損害をいったんは覚悟した米海軍クリフトン・スプレイグ少将の回想を紹介します。彼はレイテ島上陸部隊の護衛を担う米空母部隊司令官の任にあって、そのときサマール島沖の旗艦の空母「ファンショー・ベイ」艦橋で双眼鏡をに

ぎっていました。いわく、

「自分の眼を信じることができなかった。しかし、日本艦隊は一艦のこらず、私の目でみるかぎり、退却しているようであった。……戦闘で疲れきった私の頭には、敵反転の事実がすなおに受け入れられなかった。そのときまでに私が考えていたことはといえば、いつ泳ぐかということだけだった」

戦後、サンディエゴ軍港でスプレイグさんに会ったときも、背中を見せて遠ざかる日本艦隊の後ろ姿を見て、ボー然としました、と語っていました。「神の助けというものがほんとうにあるのだ、とそう思いました。水兵たちもみんな十字を切っていましたよ」とも。

さっき紹介した駆逐艦「雪風」の寺内艦長は上甲板を走っていき、艦のいちばんとっ先に立って「敵はあっちだ、あっちだ」とレイテ湾を指さして怒鳴りまくったといいます。

一通の不確かな電報

栗田司令長官はまさに敵輸送船団に砲撃せんとしている各艦に命じ、北方に反転したのです。この行動が、〝謎の〟といわれる意味が、これでよくおわかりかと思います。

これは戦後のことです。来日した米国戦略爆撃調査団に、栗田元中将はそのときの事情を説明しています。栗田は、「北方に敵機動部隊あり」という、南西方面艦隊が発したと考えられた一通の電報を信じて、「これと雌雄を決するために反転した」と答えています。小沢オトリ艦隊にひきつけられて、敵機動部隊が北上していることはまったく知らなかったと。ところが、件の電報は発信者、受信者ともに不明。「大和」の電報綴りには残っておらず、南西方面艦隊にもそんな電報を打った記録はありません。

栗田はさらに全作戦の失敗の理由を問われて「通信の欠落による」と答えました。しかし事実は、小沢艦隊の打った「われ敵大編隊の空襲をうけつつあり」といった電報四本は、栗田の乗艦する「大和」に達していたのです。通信が混乱して不確実だったというなら、北方に敵機動部隊ありとの電報も不確実ではないかと疑うのが道理。その敵をもとめて決戦しようというのでは理屈にあいません。栗田が受けていた命令は、あくまで「レイテ湾突入、敵輸送船団撃破」。全滅を賭してでもやるべき仕事でした。

怯懦が栗田を捉えていたというしかありません。その証言者がいます。第一戦隊司令官として同じ「大和」艦橋にいた宇垣纏中将は、栗田の指揮についてこう記しています。「大体に闘志と機敏性に不充分の点ありと同一艦橋に在りて相当やきもきもしたり」（『戦藻録』）と。

本来、情報は目的達成のための最高に貴重な武器にすべきものです。広い海域でオトリ部隊と突撃部隊が統一行動をとるためには、精密な通信機器と緊密な連絡システムがなにより必要でしたが、情けなくも帝国海軍はそれを十全に備えることをしなかった。戦闘部隊としてこんな情けない話はない。しかし、そうであったとしても情報の整理、精査、分析は可能なかぎり行わねばなりません。たとえ戦闘状況の大混乱の中にあろうとも、情報収集と分析とそこから導き出される判断は、冷静に行なわなければならない。それこそがトップの責任ある行動というべきです。

ところがそうしたことをまったくせぬまま、栗田はどこから飛びこんできたのかわからないある一つの情報を反転の材料にしてしまった。乾坤一擲、連合艦隊が総力を挙げて戦っている最中に、そういうデマのような情報がチラッと聞こえたからといって、総大将が調べもせずにそれに飛びついてしまうなど、およそ戦う集団ではありえない。何も知らずに奮戦した小沢艦隊を憶えば、「栗田よ、どこから出たかもわからない情報にすがって目的放棄を合理化したのか」と、こんな酷な言い方をしたくもなるのです。

戦後、たった一回だけですが、栗田さんと会って話を聞いたとき、「疲れきっていたのです」と言いました。そんな弁解ですむ話ではないのです。

近衛と東條の会話

レイテ沖で連合艦隊が壊滅し、昭和十九年（一九四四）は暗く、絶望のうちに暮れようとしていました。十一月十日、日本の傀儡政権である南京政府の汪精衛（汪兆銘）主席が病気のため名古屋で死にます。その葬式に参列した近衛文麿と東條英機が列車の寝台車で偶然同席となった。東條内閣は七月に総辞職し東條自身は予備役になっています。

本を読んでいた近衛に、東條は話しかけるでもなくこう言ったそうです。

「自分は二つのまちがいをやった。その一つは、南方占領地区の資源を急速に戦力化し得ると思ったこと。その二は、日本は負けるかもしれないと思い及ばなかったことだ」

この遅すぎる後悔は、いずれも情報を軽んじたことによるものでした。開戦前夜、東條がいかに情報を軽んじていたか。それを如実につたえる挿話があります。

話をうんと前に戻して、昭和十六年十月十二日、日曜日。この日に五十歳の誕生日を迎える首相の近衛文麿は、私邸荻外《てきがい》荘に東條英機陸相、及川古志郎海相、豊田貞次郎外相の三相と鈴木貞一企画院総裁の、四人の主要閣僚を招集します。「外交交渉により十月上旬頃に至るもなお我が要求を貫徹し得る目途なき場合においては、直ちに対米（英蘭）開戦を決意す」という、帝国国策遂行要領が定めた期限は過ぎてしまい、統帥部の両総長が日限を切った十月十五日がいよいよ差し迫っています。要するにその集まりは、非公式とはいえ対米交渉をさらに継続することの合意を得ようと、近衛が主要閣僚を集めた重大な会議でした。ところがこの日東條は、アメリカが要求している中国撤兵問題に言及し、陸軍としてはこの問題では一歩も譲れないと主張し、会議はお開きとなってしまった。

そして荻窪会談の翌々日、閣議に先立って近衛は東條を首相官邸に招き、中国撤兵問題について再考をもとめます。このとき近衛に向かって東條が言った言葉が問題なのです。

「総理の論は悲観に過ぎると思う。それは自国の弱点を知り過ぎるくらい知っているからだが、米国には米国の弱点があるはずではないですか」

東條とて、内閣直轄研究機関「総力戦研究所」が調べあげた日米の国力差を示すデータを知らぬわけがありません。総力戦の時代となったいま、持久戦へと発展すれば軍事力のみならず、経済力、科学技術力をはじめ、国力総動員で戦わねばならぬ時代へと移り変わっている、ということも。となればアメリカとの戦争をはじめてしまったら最後、日本があり得べからざる不利となるのは理の当然。それは情報でしっかりつかんでいた。

ところが、アメリカにも「弱点があるはず」と東條はいう。この東條の主張に確たる根拠など、なに一つありませんでした。しかし、東條はそう信じきっていた。日本が負けるはずはないと強く確信していたのです。

「はずはない」を当てにする

帝国陸海軍においては、「あるはずだ」のみならず「あろうはずがない」も幅を利かせていました。なぜか説得力をもつのです。

破竹の勢いで勝ち進むナチス・ドイツがイギリスに負ける「はずがない」。ソ連はドイツに牽制されてしまうから攻勢を日本にしかける「はずはない」。欧州・太平洋と二正面に力を引き裂かれたアメリカは戦意を失う「はず」だから、有利な条件で講和にもちこめばいいと、要するにドイツの勝利をあてにして開戦へとどんどんと歩を進めていったのです。

参謀本部第二部（情報課）ロシア班から、関東軍特種大演習（十六年七月）のさいの情報判断が示すように、「ドイツは勝てそうもない」との分析情報が作戦課にきちんととどけられていたのです。にもかかわらず、作戦課はそれを無視する。当時、ロシア課にいた林三郎大佐に聞いたことがあります。「戦争への突き進みで石油問題にまさるとも劣らない弱点が、『ドイツは勝つはず』という陸軍首脳の根拠のない判断ではなかったか、と私は思います。こんな他力本願的な判断の基礎になっていたのは、ドイツの力に対する過大評価とアメリカに対する過小評価でした」と。

敗戦が決定的となった段階でも、なおソ連の侵攻は「あろうはずがない」と決めてかかっていたのは関東軍でした。

昭和二十年（一九四五）四月にソ連は日ソ中立条約の延長を求めないことを日本政府に通告しました。前年十一月六日、スターリンは大演説をして、「日本は侵略国家である」と初めてきめつけ、敵視をあらわにした。ドイツ降伏後はシベリア鉄道をつかって満洲国境に兵力・火力をどんどん送り込み、極東ソ連軍の強化に大わらわとなっています。それに米ソ間、英ソ間で、相互援助条約が結ばれていることも承知している。アメリカが戦時中にソ連に送ったのは、自動車四千万台、大砲九千六百門、飛行機一万八千七百機、戦車一万八百台。ソ連がドイツに勝てたのはこのためであることも情報でわかっていました。これでもソ連はすでに米英と組しているとわかっていなかったのでしょうかね。

そうしたいくつもの情報は、欧州から、国境線から、満洲の関東軍はもちろん東京の大本営にも届いている。日本政府は、「ソ連軍の侵攻は八月か遅くとも九月上旬あたりが危険」とビクビクするのですが、関東軍首脳部は、事態を重大に受けとめません。なぜか。作戦準備がまったく整っていないからです。起きてほしくないことは「起きるはずがない」ことにしてしまう。おしまいには、「ゼッタイに起きない」という結論になる。

関東軍は、情報に、というより目の前の現実にさえ眼をつむったのです。八月九日、ソ連軍が怒濤のように来襲し、そのあと満洲で何が起きたかはご存知のとおりです。

いや、東京の参謀本部もまた然り、でした。作戦部長宮崎周一中将の直前の日記に、「ソ連は八、九月対日開戦の公算大であるが、決定的にはなお余裕あり」と記されています。さらに参謀次長河辺虎四郎中将の手記があります。八月九日のその冒頭の「蘇《ソ》は遂に起ちたり！　予の判断は外れたり」の言葉は悲痛をとおりこして、その〝お人好し〟は滑稽にすら思われてきます。

これらに限らず情報というものをいったい何であると思っていたのか、と嘆かざるをえないような話ばかりが山ほどある。日本人の情報軽視、つまり収集能力の欠如、どれが大事かという分析能力の欠如、それはいまに通じているかもしれません。やりきれなくなるのでここらでやめにして、次へ参ります。

リーダーの条件その五．規格化された理論にすがるな

五番目はこれ、「規格化された理論にすがるな」。規格化された理論、といっても何も大それた理論のことではありません。何かにつけ、「まぁ、前回は成功したのだから、前回と同じようにやろう」となりがちです。これがいちばん楽です。楽ですが、同じことばかりやっていたのでは、やらないほうがましということになりかねない。

日本海軍はいっぺんうまくいくと成功体験を引っ張って、もう一度それをやろうとしました。早い話が、明治四十年から営々辛苦して練ってきた対米必勝戦術というものは、とどのつまり日露戦争のときの日本海海戦の再現でした。あのときの完勝の夢よ、もう一度、でありました。日本人の資質にはそういうところがいくらかあるのかもしれません。成功体験を誇りに思う。そのためにあの戦争では幾度裏をかかれたことか。時代は急激に動いている、状況はつねに変化しているということを、勘定に入れずにいつまでも同じことをやっていてはダメなのです。

昭和四十一年（一九六六）の東証上場一部、二部の会社、千二百三十四社の社長に出した「成功の条件は何か」という問いにたいするアンケート結果が私の手元にあります。古い話というなかれ。高度経済成長期の日本の会社の社長が、リーダーシップをどうとらえていたかを知る意味で少々おもしろい。

票数の多い順に、第一位「アイデア」。第二位「先見の明」。第三位が「ファイトとスタミナ」。第四位は「人間的な魅力」。第五位が「信用」でした。

いま同じアンケートをとったら、はたして「人間的な魅力」がこんなに上位にくるかどうか。あのころは、みずから率先して組織を引っ張っていた社長たちが多かったことをうかがい知ることができます。

敗戦後、占領軍によって旧指導者層が追放され、それまで重役になる見込みのなかった社員たちが大挙して役員に登用された。いわゆる三等重役です。しかし、それは必ずしも「儲かっちゃった」というようなスーダラな話ではありません。上がいなくなった分まで責任を背負って、彼らは再生、再建、復興のために死に物狂いでやらざるを得なかった。

そこで重要なのは「ファイトとスタミナ」と、あいなったのでありましょう。

日本企業トップが語った「成功の条件」

思いかえすと、この時期はまことにユニークな経営者を輩出しています。夢中で好き放題なことをやって成功したのが本田宗一郎さん。静岡県磐田の鍛冶屋の長男として明治三十九年（一九〇六）に生まれ、高等小学校を出てすぐ東京・湯島の自動車修理工場に丁稚奉公に上がります。小学四年ではじめて自動車と出会い、ガソリンの香りに魅せられてしまったという。

昭和三十年（一九五五）夏、『文藝春秋』編集部員だった二十五歳のわたくしは、オート二輪車生産台数日本一を達成したばかりの本田技研工業株式会社の本田社長を、東京・八重洲にあった二階建ての本社に尋ねました。本田さんは色も鮮やかなアロハシャツ姿で現われた。そのときかれはまだ四十八歳でした。本社はその二年前に浜松から移したばかりで、一年前には東京証券取引所に株式店頭公開をはたしています。会社は勢いづいていましたが、スーパーカブC100が発売されて世界的なヒットとなるのはこの三年後。ホンダ初の四輪が発売されるのは八年後のこと。つまり、これはまだホンダ揺籃期のころの話です。

インタビューをもとにわたくしがまとめた人物ルポは「バタバタ暮しのアロハ社長」と

題しました（『文藝春秋』一九五五年十月号掲載）。バタバタとは、東奔西走自ら駆け回っておられるその様子と、本田技研工業の初のヒット商品、「ホンダA型」の通称「バタバタ」をかけたものです。戦後、軍部で使用していた発電機のエンジンがたくさん拋《ほう》ってあったのを見て大量に買い占め、自転車につけて売り出した。本田さんの創意が国情にマッチしてこれがヒット。会社のスタートダッシュに貢献しました。

さて、この原稿を本田さんはたいへん気に入ってくれて、神楽坂の料亭でご馳走してくれました。そのとき聞かせてくれた話のメモが残っています。そのまま紹介します。

「日本人はこうやるといいという理屈だけ知っていて実行しない。その点アメリカ人は違う、すぐ実行に移す」

「日本人は新しい機械を買うと、工場の片隅に大切にしまってあまり使わない。そして使わない機械をいつも新しいものだと思い続けている」

「古い伝統と歴史を持つ会社はかならず伝統を大事にする。しかし大事にしすぎると古い観念と技術が温存され、退歩するばかりとなる。昔のワクをはずさぬとパイオニア的仕事はできぬ」

先のアンケートの第一位、「アイデア」と第二位「先見の明」の重要性を、まさに本田さんは自分の言葉に換えて語ってくれたのでした。

これはまったくの余談ですが、そのときお礼を差し上げたいから、よろしければウチの株を買いませんかと勧められました。一株五十円でいいですよ、という。ちょうどこの頃コーヒー一杯が五十円でした。こっちは安月給のうえに大酒呑みでピーピーしていたけれど、五十円掛ける二十倍くらいならどうとでもなったのです。ところが株などまったく興味がなくて、「せっかくですがいりません」とすげなく断っちゃった。これが早晩富くじに化けるとも知らないで。いやはや、もったいないことをしてしまいました。いいえ、わたくしが儲けそこなったことはどうでもよろしい。

大原總一郎のタイミングを見極める目

本田さんの教えとあい通ずることを、わたくしは倉敷レイヨン（現・クラレ）の大原總一郎社長からも聞いています。

大原さんのキャラクターは本田さんとはまことに好対照。本田さんが叩き上げなら大原さんはお殿さま。大原孫三郎の長男として生まれ、東京帝大経済学部卒業後に二代目として倉敷絹織を継ぎました。夫人は侯爵家の出身です。大原家は江戸時代からの大地主で、初代孫三郎は大原美術館をつくった人物でもありました。

大原さんに会ったのは昭和四十年（一九六五）の夏。たしか原稿をとりに行ったときのことではなかったか。このときのメモもあります。

彼が言ったことは要するに、同じことを二度やるな、ということでした。成功体験を日本人は大事にして、それをもういっぺんやりたがるが、それではだめなんだと。こうも言いました。

「新しい仕事は、十人のうち一人か二人が賛成したときが、始めるべきときである」

全員反対というのはだめ。二、三人ぐらいがちょうどいいというのです。けれど五人も賛成したら、そのプランを商品化するにはベストタイミングを逸している。いわんや七、八人が賛成するようなときはもうトゥー・レイトだと。せっかくのご教示でしたが、はあ、さようでございますかと聞くのみで、わたくしは編集稼業にのみ邁進し、残念ながら名経営者になることはありませんでしたけれど。

さて、本田さんと大原さんという、昭和の名経営者の教えの、正反対をいった例が太平洋戦争には少なからずあったというお話をします。

ガ島艦砲射撃の明と暗

その成功例にすがって大失敗を喫したのが、昭和十七年十一月のガダルカナル島の戦いにおける第三次ソロモン海戦です。

すでに「田中頼三」の項で簡単にふれましたが、一本の滑走路をめぐってはじまったガ島をめぐる攻防の経緯をざっとおさらいしておきます。

日本陸軍設営隊が、ガ島に上陸してちょうど一カ月を経て、滑走路と兵舎、無線設備、飛行場掩体などがほぼ完成します。あたかもそれを待っていたかのように、八月七日にアメリカ軍は五〇隻の大輸送船団で海兵隊二万を上陸させ、その圧倒的戦力で島を占領してしまいます。ガ島は日本にとって最重要戦略地点。にもかかわらず大本営は兵力の逐次投入という愚をおかした。はじめに上陸した一木《いちき》（清直大佐）支隊八百が全滅、つづく川口（清健少将）支隊四千五百も総攻撃に失敗します。これを受けて大本営は、ようやくガ島総攻撃を策定。陸軍の第二師団約二万六千を一挙に上陸させることにしたのです。

ガ島の戦いにおける「成功例」となったのが、この作戦を支援するためにとった海軍の戦艦による殴り込みでした。

輸送を阻むのが米軍ヘンダーソン飛行場の存在です。そこで、あえて狭い海峡のなかに小回りのきかない戦艦を突入させ、艦砲射撃で滑走路を破壊することにした。つまり飛行場が使用不能のあいだに輸送船団を突入させ、増員兵力と重火器を揚陸させようとしたのです。狭い海峡に突っ込んで、敵機がいる飛行場の目前にまで迫っての戦艦の陸上砲撃など、過去に例のない奇抜な戦法でした。

昭和十七年（一九四二）十月十三日の深夜、日本の戦艦二隻「金剛」「榛名」から撃ち込まれた砲弾の数は、合わせて九十八発。常識はずれの攻勢の前に、米軍側は無警戒でした。飛行場は炎上し、九十機いたアメリカの飛行機のうち形が残ったのが四十二機、飛行可能なのは艦上爆撃機のわずか五機だけ。大量の航空燃料と爆弾のほとんどを焼きつくし、思惑どおり日本側の高速輸送船団は兵員と兵器弾薬と物資の揚陸にまあまあ成功したのです。「金剛」の砲術長が戦後になって、「現世にまたと見られない大スペクタクルだった」と得意気にわたくしに語ったのを覚えています。

島の日米兵力はほぼ同数となりました。ところが、陸軍はこれを生かせません。第二師団の総攻撃の準備は遅れに遅れ、ついに撃退され大敗を喫することになるのです。ヘンダーソン飛行場滑走路もまもなく修復され、元の木阿弥となってしまいました。

この第二師団の夜襲による総攻撃も、実は手本があったのです。日露戦争での遼陽の決戦のとき、第二師団が一万二千余の大兵力の弓張嶺《きゅうちょうれい》夜襲突破を敢行して、これが大成功した。世界の戦史にない画期的な夜襲戦と大いに世界中から讃えられた。それで、夢よもう一度で、第二師団なら今度も大成功するだろうと考えて強行させたのが、かの辻政信大本営派遣参謀であったのです。

二度目は見破られていた

それはともかく、海軍の話です。敵の飛行場が生きているかぎり、全作戦が成り立たない。現有戦力が消耗するばかりとなってしまうからです。第三次総攻撃を計画しているゆえに、その直前にぜひあの快挙をもう一回と、参謀本部は戦艦による夜間砲撃の二度目の強行を求めました。軍令部はあっさりこれを容れるのですが、連合艦隊司令部は渋ります。その実行には難題が山積しています。狭い海峡ですから、待ち伏せをくったらおおごとになる。それに当然ながら、二回も成功するとはかぎらないという慎重論もでた。ところが「あれほど効果があったのだから、こんどは連日でもガ島砲撃をつづけるべきだ」と強弁する者がいました。連合艦隊司令部の作戦会議ではけっきょく強硬意見が押し通されてしまったのです。

というわけで、この二回目の突入は十一月十二日から十五日にかけて戦われた第三次ソロモン海戦とあいなった。戦艦「比叡」と「霧島」が行くのですが、今度はアメリカ海軍の新鋭の戦艦艦隊が「さあ、やって来い」とばかりに待ち構えていました。柳の下に、二匹目のどじょうがいるわけのないことになる。米南太平洋方面軍司令官ハルゼイが、作戦会議の席で幕僚たちにこう訓示しています。

「日本人というやつは一回うまくいくと、かならずおなじことをくり返す。そしてまた日本人はひと戦さ終わるとすぐ引き揚げて、戦果を徹底的に拡大することはないから、たとえ少しぐらい艦が沈んでも、あわてる必要はない。最後には必ず勝てる」

ハルゼイという猛将についてはこのあとくわしく語ることになりますが、戦況は彼の見通しどおりに推移します。米新鋭戦艦二隻が待ち伏せしていました。夜の狭い海峡での両艦隊の激しい撃ち合いとなり、日米双方が多大な損害をだすことになります。しかも日本側は飛行場砲撃という目的をはたすことができなかった。その上に「比叡」「霧島」の両戦艦は沈没。太平洋戦争における日本海軍初の戦艦喪失となってしまったのです。

日本の輸送船団も激しい空襲をうけ、無事上陸できたのは十一隻のうちわずか四隻です。多くの犠牲をはらって上陸した陸兵二千をこのあと待っているのは、豪雨、ジャングル、一本道での死闘と、マラリアやデング熱、そしてなにより補給がとだえたゆえの飢餓の苦しみでした。ガ島に陸軍が逐次投入した兵力の総数は三万三千六百人。その中の二万人弱が亡くなったのですが、このうち戦死者は八千二百人、残り一万一千人は餓死と戦病死なのです。

さて、二度目の作戦にあたって、連合艦隊司令部の会議で慎重論を押し切った強硬論者の筆頭はだれかというと、かの先任参謀黒島亀人大佐です。じつは黒島の「同じことをもう一度」、はこの第三次ソロモン海戦が初めてではなかった。先のミッドウェイ作戦もまた、成功体験の焼き直しによる失敗だったのです。

あえて二兎を追う

真珠湾攻撃に成功し、その後も連戦連勝で作戦がトントンと進むと、昭和十七年（一九四二）五月、勢いにのった陸海軍大本営は米豪遮断作戦の実行に踏み切り、ポートモレスビー（パプアニューギニアの天然の良港）攻略をめざします。あまり気の進まなかった山本五十六は作戦立案をひきつづき黒島に任せました。

そこで黒島は大部隊をいくつかのグループに分け、異なる日時と場所から計画したタイムスケジュールにもとづき出撃させ、敵をだますかのように巧妙に協同しつつ、攻略作戦目的を見事に実現するという〝奇想〟を編み出すのです。なぜ〝奇想〟かというと、兵力は集中させるという戦術の大原則を無視することになるからです。作戦目的は単純明快がよいとする先訓を顧みないことにもなる。しかし、あえて黒島は構想しました。残存の敵空母が出てくるかどうか不明なら、それを誘い出すほかはない。敵根拠地攻略の目的を達成しつつ、敵機動部隊を誘い出し、これを包囲して決戦によって撃滅する。あえて二兎を追うのです。

五月六日から八日にかけて、オーストラリア北東の珊瑚海で日米のはじめての空母決戦、機動部隊同士の戦いがはじまりました。日本軍の攻略は許さぬと、米機動部隊は急遽出撃してきます。結論を申しますと、日本側で沈没したのは軽空母「祥鳳」だけだったのに対し、アメリカ側は正式の空母「レキシントン」が沈没。もう一隻の空母「ヨークタウン」は中破してほうほうの体で退却しました。戦闘においては日本側の判定勝ちでした。米空母部隊撃滅が、もう少しで成功するところだったのですが、日本軍が上陸部隊の動きに気をとられたこと、偵察の不十分、わずかなタイミングのずれが重なり、きわどく米軍に幸運をもたらした。

ただし日本側機動部隊も、空母「翔鶴」中破と航空部隊の消耗もはげしく、このときはポートモレスビー上陸支援は無理と判断して、撤退しています。ポートモレスビーには米濠連合国軍の基地があり、空母の強力な援護なくして船団を揚陸地に近づけることができず、攻略作戦は中止するほかなかったのです。つまり目的は果たせなかった。

こんどはうまくいく

本来なら黒島は、これを禍として学ばねばなりませんでした。複雑な黒島戦術が成果を収めるためには、分散した兵力の相互支援が完璧なまでに適切であること、十分に緊密な連絡をとること、索敵を十分にすること、この三つの条件が満たされなければ不可能であるということを思い知るべきだった。何よりも、敵基地攻略作戦と敵機動部隊撃滅の二兎を追うことの危険を思い知るべきでした。

ところが黒島は学ぶより先に、自信満々で闘志を燃やしてしまったのです。半分以上うまくいっていたのだと。つぎに成功すれば、これ以上に華麗な勝利はないと、作戦計画をさらにスケールアップさせてこんどこそ大成功に導くのだと。

同じことをもう一度。それがミッドウェイ海戦でした。「山口多聞」の項でいっぺんふれましたが、参加艦艇二百隻以上の大兵力が、十のグループに分かれ、太平洋上の北から中央にかけて展開し、上陸作戦開始日に合わせて、それぞれが決められた作戦計画どおりに進撃するのです。珊瑚海で失敗を犯した協同作戦が、こんどはうまくいくと黒島は考えた。山本長官もそれを承認する。しかも、山本は例によって、機動部隊司令部にこの大作戦の目的は「出てくる敵機動部隊の撃滅にある」と徹底しようともしなかったのです。

ところが米太平洋艦隊長官ニミッツは、珊瑚海海戦の経緯をきちんと分析し、そこから数多くの戦訓を得ていました。ニミッツは喝破します。

「日本の戦術の考え方には一定した型がある。二つの目的があり、ふたたび部隊編成の複雑性がみられ、またも日本は挟撃作戦と包囲作戦をやろうとしている」

戦う前にこう見すかされていたのがミッドウェイ海戦だったのです。暗号がどうのという前に、日本艦隊の敗北は、もう決定づけられていたといえましょうか。

しかも、あろうことか、第一次攻撃隊をミッドウェイ島に発進させる直前の、南雲司令部の敵情判断はこうでした。

「敵はわが企図を察知せず。少なくとも五日朝まで発見せられざりしものと認む」

空母はいないと思いこんだ。やりきれぬほど暗澹たる想いにとらわれるのみです。

無視された「新軍備計画論」

情けない話が二つ続きました。規格化された理論にとらわれることなく、正々堂々、まったく新しい発想のもとの持論を主張する。そんな軍人がいないわけではありません。太平洋戦争開戦のほぼ一年前、昭和十六年（一九四一）一月の井上成美中将について語ります。このとき彼は海軍航空本部長。明治四十年の帝国国防方針いらいの艦隊決戦の大艦巨砲主義で凝り固まっている連中に胸のすくような反撃を行っています。

井上成美は明治二十二年（一八八九）宮城県仙台生まれ。海兵三十七期を恩賜の双眼鏡を拝受して次席で卒業しました。もちろん海大卒。昭和十二年（一九三七）から十四年（一九三九）までの軍務局長時代は、米内海相、山本次官とともに日独伊三国同盟締結に反対し、からだを張って立ち向かった経験があります。

さてきっかけは、月初に催された海軍の極秘会議でした。第五次海軍軍備充実計画、いわゆる「マル五計画」を予算化するために、海軍中央（海軍省と軍令部）の首脳が集まりました。「軍備充実」を唱えつつ、その内実は対米七割を目的とする艦艇建造計画に重きを置いたものでした。

説明に立った軍令部第二部長高木武雄少将は鼻息荒く莫大な予算を要求。それが実現不可能であることはほとんどの出席者が共通して思うところでありましたが、その場の空気は、このまま鵜呑みにするほかない、というように流れました。米海軍の戦力増加を考えれば成るか成らぬかではなく、なんとかしなければなるまい、とばかりに。

航空本部長の井上成美中将がたまらずこのとき席を立って発言します。

「この計画を拝見し、かつ、ただいまの御説明を聴くに、失礼ながらあまりにも旧式で、これではまるで明治・大正時代の軍備計画である。アメリカの軍備に追従して、各種の艦艇をその何割かに持ってゆくだけの、誠に月並みの計画である。その間、一旦アメリカと戦争になったら、どんな戦をすることになるのか、その戦は何で勝つのか、それには何が、何ほど必要なのか、といったような説明もなければ、計画にも表われていない」

井上の、場の空気など知ったものか、と言わんばかりの爆弾発言にその場が凍りました。それは、対米七割を軍備方針としてきた海軍の伝統そのものにたいする直撃でもあったからです。井上が構わずつづけます。

「かような杜撰な計画に厖大な国費を費やし得るほど日本は金持ちではないし、仮りにこの計画通りの軍備ができたとしても、こんなことでアメリカに勝てるものではない。軍令部はこの要求を一応引込めて、とくと御研究になったらよいと思う」

軍令部総長伏見宮は憤懣やるかたない表情を浮かべましたが、軍令部からの反駁はなく、その日の会議は終わりました。面目丸つぶれとなった高木第二部長がこのあと航空本部長室に怒鳴り込んでいます。また軍令部の作戦課長が「切腹するほかない」と騒ぎだし、「井上は破壊的な議論ばかりする」との罵声までが井上の耳に入ってきた。「破壊的」とは断じて聞き捨てならないと、井上はついに、自らの「新軍備計画論」執筆を決意するのです。それはかねて井上の持論であった「対米敗北必成論」を基礎としていました。

一週間で書き上げられた論文

なぜ勝てないか。アメリカ本土は広すぎるからである。ワシントンD.C.まで行ってこれを攻略するなど絶対不可能、アメリカの軍事力をせん滅などできようはずがない。なにしろアメリカは対外依存度が非常に低い。資源が豊富で物資は豊かである。カナダと南米が地続きということもあって海岸線が長いから、海上封鎖など非現実的というほかない。

要するに、こちらは敵の抗戦意志と継戦能力の低下をねらうしかなく、勝つことはなくとも負けない戦いをするしかない、というのが井上の考えでした。執筆には一週間を要し、提出したのは昭和十六年（一九四一）一月三十日。四百字詰め換算で二十枚あまりのこの書類をタイプで六部作成し、二部を及川古志郎海相に手渡しました。理路整然として熱意にあふれたこの論文は、井上そして航空本部の総務部長、総務第一課長、同主務部員がそれぞれ各一部を所持したそうです。

井上が戦後に「新軍備計画論」の論旨についてのべています。「戦艦不要論」と「海軍の航空化」が骨子でした。

一、航空機の発達した今日、これからの戦争では、主力艦隊と主力艦隊の決戦などは絶対に起こらない。

二、巨額の金を食う戦艦など建造する必要なし。敵の戦艦など何ほどあろうと、我に充分な航空兵力あればみな撃沈することができる。

三、陸上航空基地は絶対の不沈空母である。空母は運動力を有するから使用上便利だが、きわめて脆弱である。ゆえに海軍航空兵力の主力は基地航空兵力であるべきである。

四、対米戦において、陸上基地は国防兵力の主力であって、太平洋に散在する島々は天与の宝で、非常に大切なものである。

五、対米戦ではこれら基地争奪戦が必ず主作戦になることを断言する。換言すれば、上陸作戦ならびにその防御戦が主作戦となる。
六、右の意味から基地の戦力の持続が何より大切なるゆえ、何をさておいても、基地の要塞化を急速に実施すべきである。
七、したがってまた基地航空兵力第一主義で、航空兵力を整備充実すべきである。これがため戦艦・巡洋艦のごときは犠牲にしてよろしい。
八、つぎに、日本が生存し、かつ戦さを続けるためには、海上交通の確保はきわめて大切であるから、これに要する兵力は第二に充実するの要あり。
九、潜水艦は、基地防御にも通商保護にも、攻撃にも使える艦種なるゆえ、第三位に考えて充実すべき兵種である。

斬新なアイデアほど嫌われる

この井上の所見は、見事な先見の明というほかなく、太平洋戦争は事実そのような様相を呈して戦われたのです。海上護衛戦の失敗、潜水艦使用の誤り、陸上基地要塞化の立ち後れ、海軍の航空化の致命的な遅れなどは「日本海軍の敗因」そのものでした。

しかし、昭和十六年の海軍中央は対米強硬派のみが大手をふっているところでした。日本海海戦の夢ふたたびの、大艦巨砲・艦隊決戦主義が主流ですから、誰も井上の主張に耳をかすものはなかった。そう思うと、これがいかに規格化された理論とはかけ離れた独創的なアイデアであったことか。けれど、この提言が生かされることはなかった。トップは読もうともしなかったのではないか。このあと八月に、井上は第四艦隊司令長官に任ぜられて南太平洋のトラック島に赴任することとなりました。うるさい奴だからと、体よく中央を追われたのです。

それにしても、組織にはあまりにも斬新な合理的にすぎる正論は邪魔でしょうがないのです。せっかくみんながその気になっているときに、いきなり冷水をぶっかけて、それが採用されることはまず皆無です。それ以前にきちんと頭を下げて根回しをして、という手続きが必要なところなんです。そういうことがきちんとできる人を政治力があるといい、権力の使い方を知っている、と一般にいう。しかし、どう考えても、それこそが日本型リーダーシップの残滓というものではないでしょうか。あるいは日本型たこつぼ社会における小集団主義といいかえてもいい。

リーダーの条件その六．部下には最大限の任務の遂行を求めよ

リーダーたるもの、部下には最大限の任務の遂行を求めよ。

当たり前じゃないか、と思われるかもしれません。あるいは簡単なことじゃないか、と。ところがどっこい、これが案外難しい。部下というものを、人はついつい小手先で使ってしまいがちなのです。

ためしに使ってみよう、あるいは瀬踏みのつもりでやらせてみよう、若輩なのだからしくじってもしかたない、などと思った覚えはありませんか。これがもっともよくない。わたくしなど恥ずかしながら、現役時代はまったくこのタイプでした。最大限の任務遂行どころか、部下に任せることさえろくにしなかったのではないかと思います。

ハルゼイとガ島守備

闇雲に頑張りを求めても人は働きません。最大限の任務の遂行を求めるには、まずその

仕事の方向性と明確な目的を示す必要がある。さらに、なぜ全力を傾けねばならないのかについて、理解させ、納得させて指揮をとる。そうでなければ部下もなんのために働くのかわからない。それを見事にやって成功を導いた例を日米両方から紹介することにします。日米いずれもガダルカナル島がその舞台です。

開戦時、航空戦闘部隊司令官として米機動部隊の全指揮権をもっていたのがハルゼイ中将。かれが「猛牛」とあだ名されていたことは前にも言いました。一八八二年生まれですからこのとき六十歳直前ですが、「耳順」どころか米海軍きってのケンカ好きです。

真珠湾以降半年あまり、連戦につぐ連戦で疲労がたまったのか悪性のジンマシンを発症して入院し、いったん戦列をはずれます。健康を回復したハルゼイが八月五日に退院したとき、アメリカ軍は、第一次ソロモン海戦と第二次ソロモン海戦で甚大な損害を受け、ガ島争奪戦でかなり深刻な戦況におちいっていました。海ではすでに多くの艦が沈み、陸では寸土を争う激戦がうちつづいています。南太平洋方面軍司令官、ロバート・ゴームリー中将はすっかり弱気になって指揮も消極的になりがちになっていた。このときの米太平洋艦隊の概要報告に、ゴームリー以下幕僚たちの苦衷を知ることができます。

「現在、われわれはガダルカナル地域の海上を支配することは不可能のように思われる。

わが陣地への補給は非常なる損失によってのみ果たされるであろう。状況は絶望ではないにしても、重大な局面を迎えていることはたしかである」

じつは悲鳴をあげて逃げ出す寸前というようなありさまだったのです。

ちょうどその頃、十月十八日、ハルゼイがニューカレドニアのヌーメアにあった司令部に到着しました。南太平洋の作戦海域で、少々身体の調子をととのえるつもりでした。ところが、ゴームリーの弱腰に業を煮やしていたニミッツ大将は、これをチャンスとみてハルゼイに「貴官は南太平洋方面の指揮をとられたし」と電報命令を送りつけ、指揮官の役割を交替させた。

この任命は、それ以前に現地に足を運び実情をその目で見たニミッツの独断によって急遽決められたものでした。「危急な場合には、もっともアグレッシブ(攻撃的)な指揮官を」が、ニミッツのそもそもの信条です。日本海軍のような年功序列や成績順とはまるで異なる人事異動です。ただ一本の電令だけなんですから。これにはハルゼイ自身もびっくり仰天しました。

これをうけてハルゼイは、何があってもガダルカナル島は守りきるぞと将兵たちを鼓舞した。空母部隊もいまから温存しない。どしどし出撃させる。撤退は一切しない。ガ島はなにがあっても死守する。お前たちは全力を尽くしてこれを守れと。新聞記者から、どんなやり方でこの戦いに勝つつもりか、と尋ねられたときの、ハルゼイの答えがすさまじい。「キル・ジャップス、キル・モア・ジャップス」。ジャップを殺せ、できるだけたくさん殺せ、殺しつづけろ。とはまことに品のよろしくない物言いですが、この粗っぽさと率直さが将兵たちの闘志に火をつけた。

そして「リメンバー・パールハーバー」と部下の将兵にいった。この言葉は真珠湾攻撃直後にルーズベルト大統領がいったように思っている人が多いが、それは間違い。ハルゼイがこのときに、将兵に全力を尽くさせるためにいったスローガンであったのです。

しかもハルゼイが立案した戦術はきわめてシンプル。すべての二次的な作戦を中止させてガ島飛行場をもちこたえるためにのみ兵力を投入するというものでした。このシンプルさを徹底させた。これ以降、沈鬱な雰囲気がウソのように一掃され、幕僚のみならず将兵たちの士気が一気に蘇ったといいます。彼らは一丸となりました。

そんなことは日本軍の指揮官や参謀たちは知りません。昨日までの日本兵の銃剣突撃に悲鳴をあげ、へなへな腰となる弱兵ではなくなったのです。ガ島を死守する、目的はそれ一点にしぼられました。そのために空母だろうと、出来立ての戦艦だろうと、虎の子の飛行機だろうとすべて投入する。いっさいの弁明を認めません。将兵の一人ひとりが日本兵を一人残らず撃ち殺すことを最大の義務として全力を尽くす集団に変じました。日本軍のラバウルと東京にある秀才参謀たちはそんなこととは露思ってもみなかった。

こうしてハルゼイが司令長官として南太平洋に赴任してから、日本海軍は連敗を重ねていくことになります。この人事は日本海軍にとっては不運としかいいようがないものでした。

山本五十六とガ島撤退

いっぽう、太平洋艦隊司令長官ニミッツが「あっぱれなお手並み！」と叫び、アメリカの戦史家モリソンが「世界海戦の歴史において、これほど見事な撤退戦はなかった」と激賞の辞を惜しまなかったのが日本海軍のガ島撤退戦です。負け戦をほめられるのは残念ですが。

ガ島奪回が絶望となった昭和十七年（一九四二）十二月三十一日、大本営御前会議において島からの撤退が正式に認可されました。年が明けて昭和十八年一月四日、勅命を受けた連合艦隊司令長官山本五十六は、幕僚たちにこう語っています。

「中央ではガ島の将兵の三分の一は大丈夫、撤退できるなどと、相変わらず楽観的なことをいっているが、その判断は甘すぎる。幸運あらば兵力の五、六割を撤退させうるかどうかである。しかし、ガ島戦はもともとは海軍がはじめた戦いだ。連合艦隊司令長官としては、陸軍にたいする責任がある。動ける駆逐艦をすべて投入する。三回目も大発（大発動機艇／上陸用舟艇のこと）でなく、すべて駆逐艦で行う。結果、水雷戦隊の半数を失うことになるであろう。が、作戦はなんとしても成功させねばならないのである」

陸軍の兵隊を乗艦させるために水際で停止するのは、撃沈される危険性がきわめて高い、命がけの撤退作戦でした。危険と困難をきわめるこの作戦に、山本はかけがえのない虎の子の駆逐艦二十二隻を投入することを決意します。しかも、珍しく麾下の水雷戦隊の将兵全員にその意思を明確に示しました。これは、多くを語らずとも救出作戦に賭ける山本の覚悟がいかに強いものかを示してあまりある決断でした。そして山本は、全身全霊を尽くしてガ島の将兵を救いだしてこいと、部下たちを送りだすのです。

作戦は三日おきに三往復して救出をはかることに決定。第一回は二月一日、第二回は四日、第三回は七日に実施して撤収を終わろうとした。第一回は無事にすむかもしれないが、同じことを二回くり返して、はたして成功するのか。いわんや三回目にいたっては失敗率のほうがはるかに高いのではないか。

心配をよそに現実は、全三回をつうじて、駆逐艦一隻が沈没、一隻が大破となったのみで作戦は成功。ガ島の陸海将兵一万六百五十二人（うち海軍八百四十八人）を救いだしています。制空権が敵にある中、この成果は奇跡的ともいうべきものでした。この作戦に関わったものたちが最大限の任務を遂行した、まごうかたなき未曾有の成功でありました。

捨て身の撤退作戦を支えたもの

当時二十二歳、陸軍歩兵第百二十四連隊の連隊旗手としてガ島に赴いていた小尾靖夫元少尉からこのときのようすを聞いたことがあります。弾丸も薬も食糧もなく、絶望的な抵抗をつづけること三カ月。命からがら敵中を突破し、たったひとりで自軍陣地にたどりついたのは撤退戦最後の日、昭和十八年二月七日のことでした。夜の海に、折りたたみ式のボートから、駆逐艦に乗り移る痩せ衰えた将兵も、これを迎える駆逐艦の戦い疲れた乗組員も、ひとしく涙だったといいます。小尾元少尉は艦上からメガホンで叫ぶ声を忘れずにいて、わたくしに語ってくれました。いわく、

「大丈夫だ、慌てなくともいい。全員が乗り移るまでは、どんなことがあっても動かんか

ら安心せよ。落ち着いて、落ち着いて……」

小尾が聴いたのは、山本五十六がガ島撤退にかけた思いそのままのメッセージでした。駆逐艦は撤収を完了したあとも、「まだ、だれか残っていないかあ」と、いつまでも連呼し、なお岸辺をぐるぐると旋回したそうです。

敵将ハルゼイが「クソ、山本の野郎め」と唸ったというこの撤退作戦の大成功は、はっきりいえば、山本長官の覚悟を知り、長が絶大の期待をかけていることを知り、よし、ならばその期待に応えてやれと、水雷戦隊の全乗組員が捨て身になってガ島へ突進していったことにある。長が全責任を負うことを明示している以上は長をクビにしてなるものか、と、そう部下のものたちは奮起するものとみえます。

宮崎繁三郎のインパール

最大限の任務遂行を部下に求めた日本の指揮官を、陸軍からひとり紹介します。インパール作戦の、こちらも撤退戦の指揮官、宮崎繁三郎少将です。

インパール作戦は、「牟田口廉也」の項で述べたとおり、無謀この上ない作戦で、三個師団七万五千人あまりの将兵を飢餓と弾薬不足によってジャングルの泥濘のうちに白骨化させた、ガ島とならぶ悲劇的な戦いでした。インパールはビルマ（現在のミャンマー）の国境線のむこう、山を越えたところにあるインドの都市です。この作戦は昭和十九年（一九四四）三月に開始されますが、六月には崩壊しました。折からの雨季の中、大軍が総崩れとなり退却せざるをえなくなる。インドからビルマへ、ジャングルの中を一本の道がつづき、仲間たちの死体で埋め尽くされた「白骨街道」を引きあげる撤退戦で、牟田口と対照をなす見事なリーダーシップを発揮したのが宮崎繁三郎少将でした。

宮崎繁三郎は明治二十五年（一八九二）、岐阜県生まれ。陸士二十六期、卒業成績は七百三十七人中百三十番、とても中央部にいけません。それでも克己勉励して、陸大では参謀教育を受けていますが、結局は第一線の不利な状況下で戦うことが多かった。身長百五十五センチの短軀でしたが、部下からは絶大な信頼を寄せられた指揮官でした。ノモンハンの戦いでは唯一の「不敗の連隊長」となりました。

インパール作戦には第三十一師団麾下の歩兵団長として参加しています。第三十一師団（師団長は佐藤幸徳《こうとく》中将）に与えられた任務は、インパール北方、交通の要衝であったコヒマの占領でした。作戦に参加した二万三千百三十九人中、宮崎少将が直率したのは第五十八連隊を主力とする四千人です。

宮崎支隊はほとんど不眠不休で二十日間の前進を続け、ついにコヒマを占領。しかし、後方からの補給も十分な英印軍はただちに反撃を開始しました。コヒマの激戦は二カ月におよび、一袋の米の補給もない、いわんや弾薬においてをや。それでも宮崎支隊は頑張っていたのですが、ついに師団長が独断で撤退を決意します。

師団長佐藤中将は撤退に際し、宮崎少将に特別命令を与えました。死傷者の少ない第百二十四連隊の一個大隊を中心に宮崎支隊の生存者をまじえ、六百四十人を指揮し、急迫してくる英印軍を遮断し撤退戦の後衛をつとめよというものでした。敵の侵攻をできるだけ遅延させせよと。そして「死んでくれるな」のひと言を残して佐藤師団長は主力とともに戦場を離れていく。

愚将は強兵を台無しにするが、名将は弱兵を強兵にする

イギリスとインドの連合軍が戦車を仕立てて追撃してくるのを受けて、宮崎支隊の撤退戦がはじまりました。宮崎さんが真価を発揮するのがこれからです。すなわち宮崎少将が部下にさずけた作戦がまことに独創的なものだったのです。組織そのものを守る必要はない。まず、大隊、中隊、小隊、といった通常の組織のかたちを壊した。ほんとうに気の合

うものだけで数十人単位の分隊を作れと部下に命じたのです。その分隊の中でいちばん位の上のものが指揮を執れと。宮崎は、「こいつとならいっしょに死ねる」と互いに思えるもの同士の集団は強い、ということがわかっていたのです。これが効きました。作戦遂行にあたって宮崎少将は、部下たちにたいへんユニークな目標を示してもいます。いわく「抗戦の世界記録をつくらん」。こんな標語を案出し、全員それを吟じながら防戦につとめたのです。ハルゼイの「キル、ジャップ！」のスローガンより数段品がよろしい。「世界記録」とはつまり、兵力と火力において圧倒的優位な敵の進軍を、劣勢の軍ができるかぎり長期間防ぐこと。そのことだけを目標として部隊に徹底させたのです。玉砕なんかとんでもない、守って守って守り抜いて世界記録をつくろうじゃないかと。

さらに少将がとった戦法も画期的。こうして結束の強い分隊をあつめて、六百四十人を三つに分け、まず第一陣が退路のルートに防御線を引いて数日間英印軍の進撃を阻止し、その間に後方陣地を築くという戦闘を繰り返したのです。つまり、一陣地で戦うだけ戦って、もうこれ以上無理となったらサッと逃げて後方に退けと。今度はその次の第二陣が後方陣地で全力を挙げて戦え、その間に第三陣は陣地構築しておく、そうして逃げた第一陣がその後ろにふたたび集結して陣地構築の準備に入る、という方式です。独自のアイデアがすごい。戦後になって部下だった人に話を聞いたことがあるのですが、「不思議な発想をもつ人だった」といっていました。

「予備兵力のまったくない状況にあって、戦闘、後退、陣地構築、戦闘の交互の反復連続を行いました。曲がりくねった道、いくつもの橋梁、これらを楯に雨と泥濘のなか、戦闘、陣地構築のくり返しで圧倒的劣勢にめげることなく、各分隊が必死に応戦したのです。どうやら英印連合軍は、大きな部隊がうしろにいて、大決戦の準備をしていると誤解し続けたようです」

宮崎支隊は後衛戦を開始してじつに十七日も奮戦して、ついに抵抗力を失います。いや、よくぞ抗したというべきでありましょう。その間に軍の主力の大軍は無事に退却できました。

宮崎指揮官は明確な目標をわかりやすい標語にして掲げ、目標達成のための最良の作戦を独創した。部下に最大限の任務遂行を求め、部下たちはそれに応じました。かれらの踏ん張りでともかくも、師団主力はちりぢりになることもなく、撤退は無事成功したといえるのです。宮崎少将は「愚将は強兵を台無しにするが、名将は弱兵を強兵にする」という言葉がぴったり当てはまる名指揮官でした。

ちなみにこの過酷な退却戦のなか、宮崎少将は呼吸あるかぎり傷病兵を捨てることを許しませんでした。担架に乗せて、皆して担いで後退する。死ねば丁寧に埋葬し、また歩き続けたといいます。宮崎さんの部隊が豪雨の中を撤退しながら歌ったのが、もっぱら「佐渡おけさ」であったといいます。「アラアラアラアラサ」が果たして元気のでる囃子であったのでしょうか。

下北沢駅前の瀬戸物屋

宮崎繁三郎が、小田急線下北沢駅前のマーケットに、岐阜屋という小さな店を開いたのは昭和二十三年（一九四八）の夏のことです。岐阜の特産品である、うちわ、美濃紙、ちょうちん、瀬戸ものが狭い店に並べられました。その後しばらくして、ちょうちんが落ち、うちわがかたづけられ、美濃紙も二階の倉庫におさめられて、瀬戸ものだけが岐阜屋の店先に残り、岐阜屋は瀬戸もの店となりました。そこで宮崎さんから話を聞きました。

「三年間は赤字つづきで、どうなることかと思ったが、なんとか頑張ったら、いまはどうにか黒字になりました」と苦笑した宮崎さんの温顔をなつかしく思い出します。わたくしを迎えた元将軍はつねに笑顔を絶やしませんでした。話の合間、背広にサンダルをつっかけて、「いらっしゃい」とにこやかに客に接していた姿も印象的でした。けれど宮崎さんは、岐阜屋繁盛までの話なら楽しそうに語ったけれど、インパール作戦のことは、ほとんどしゃべりませんでした。

「いやあ、そのことは……」ただそれだけでした。戦争には栄光はなく、悲惨のみしかない。かれは無言で戦争の真実を語ったのです。

太平洋戦争から導き出されるもの

日本型リーダーシップから脱却して、真のリーダーシップとはいかにあるべきか、を語るつもりであったのに、何か太平洋戦争のお復習《さら》いをしたような、戦記ばかりくわしく語ったようになりました。長い間、歴史探偵として昭和史と太平洋戦争の歴史的事実を探しているうちに、どうも国家を敗亡に導いたのは、これぞというリーダーがいなかったためではなかったかと思い当たります。

なぜか、と考えるまでもなく、そもそもが日露戦争の大勝利の栄光にあったとわかります。日露戦争という日本近代史に燦然として輝く栄光を背負って、というより、その栄光を汚さないために、参謀まかせの「太っ腹リーダー像」が生み出された。この〝威厳と人徳〟の将を支えるために「参謀重視」が金科玉条の教えとなった。結果として、下剋上というよりは、「上が下に依存する」という悪い習慣が通例となる。こうなると、軍司令官は参謀の「代読者」になるほかはない。「細部は参謀をして指示せしむ」とは、そもそも何ということか。これでは本当の意思決定者、ないしは決裁者がさっぱりわからなくなる。当然のことのように、机の上だけの秀才参謀たちの根拠なき自己過信、傲慢な無知、底知れぬ無責任が戦場にまかりとおり、兵隊さんたちがいかに奮闘努力、獅子奮迅して戦っても、すべては空しくなるばかりなのです。

そこで、長年の探偵調査から、何とか日本型リーダーシップから脱却し、危機の時代にはどんなリーダーが必要であるかを太平洋戦争の教訓から考えてみようと思ったのでした。さてさて、この二つの章ですべてが語りつくせたというわけではありません。もっと大切なリーダーの条件があるかもしれません。もっと適例がほかにあるかもしれません。あったらお許しいただきたいと思います。でも、いまここにあげた六つの条件は、リーダーたるものが常に頭においておかなければならない重要なことであることは間違いないことと考えています。

後口上

3・11いらいこの国は先行きの見えない混沌の中にあります。どこを見ても明るくはない。しかも、活眼をひらいてみると、過去にすでに体験したことがある、いわゆる既視感《デジャビュー》、のあるものがやたらに目につきます。戦前日本にもあったリーダーたちの独善性と硬直性と不勉強と情報無視が、現在に通じているのではないか、そう思えてくるのです。

何度も反芻しますが、大本営陸海軍部は危機に際して、「いま起きては困ることは起きるはずはない。いや、ゼッタイに起きない」と独断的に判断する通弊がありました。今日の日本にも同じことがくり返されている。東日本大震災という国民の生命と健康と日々の生活に関わる一大事において、そうした通弊がそっくりそのまま出ています。とくに昔もいまも共通してあるのは、エリート集団による情報の遮断と独占と知らんぷりではないでしょうか。つまりタコツボ化の弊害です。

しかも、3・11の場合には、総理官邸、原子力安全・保安院、それに東京電力というエリート集団の間で、意思の疎通がまったくできていませんでした。由々しきことでした。そのバラバラさは、昔の、仲間である情報課からの情報さえ容れることがなかった参謀本部作戦課そのままです。作戦課の部屋は、入口に番兵が立っていて、部外者は何人《なにびと》たりとも入れないことになっており、あからさまに〝聖域〟を誇っていました。東電の原発部門も聞くところによれば、作戦課のように他の部署とはまったく関係なく、独歩独往した組織になっていたというじゃありませんか。

そして国民に伝えられる情報は、このバラバラの集団それぞれから発信されるものでした。それで事故発生当初は、ガセネタや風聞と事実の区別もつかず、何を信じたらいいのか、国民はふり回されるだけ。この国の危機管理体制は根本からできとらんと、しみじみと恐ろしく感じました。

現場とトップにおける情報の落差はほんとうにひどかった。原発の現場の人たちは、当時から「これは深刻きわまりない一大事」という危機感に震え上がっていたことでしょう。それが東京の本社や官邸に情報があがっていく過程で、「大変だけれど何とか大丈夫らしい」という話にねじ曲がっていったフシがある。これなどもいくつかの戦争中の具体例が否応もなく思い出されてきます。それに東電の会長は海外、社長は奈良で遊山と、最初の時点でトップが焦点のところにいなかった。現場の吉田所長が「やってられねえ」と叫ぶほど、中央はゴタゴタ。その危機認識はたるんだものがあったのです。

また、情報の過小評価と表裏の関係ですが、「情報の隠蔽」という重大な問題もありました。原発事故から二カ月もたってから「最初の段階でメルトダウンが起きていた」と、新事実が明らかになった。電源が喪失すれば冷却水がなくなって、燃料棒が露出することはもう目に見えていました。燃料棒が露出すれば、メルトダウンあるいは水素爆発が起こる、世界中の専門家にとってそれは自明の理だったのです。ところが、東電も経産省も燃料棒は部分的に露出しているが、冷却され続けているとひたすら主張しとおした。真実を隠すのに一生懸命でした。

原子炉を冷やすのに、ヘリコプター、それから機動隊の放水車が行って、東京消防庁のハイパーレスキューが行って、さながらガダルカナル島の「戦力の逐次投入」そのままでした。これ以外にも、共通点を挙げだしたらキリがないくらいいっぱいあります。

そして、あれから一年半たったいまは、福島第一原発の処理、そして放射能やガレキとの〝戦争〟がまだ終わっていないのに、ついに責任をとるものがひとりもいないままに、なにか終戦処理といったような雰囲気になっています。再興、再興のかけ声だけになっています。

そしていま、強いリーダーシップが声高に求められている。

まさか、かつてのリーダーのように、組織をきちんとするよりも支配することを重視し、説得よりも服従を求め、人々を変革するよりも抑圧することにつとめる、そんな力のあるリーダーを日本人が求めているのではないと思いますが、とにかくいまの政官財の無責任体制はほとんど昭和戦前と変わらないようです。「想定外」という言葉は、「無責任」の代名詞なのです。このことに対する根本的な反省のないかぎり、3・11以後の日本の再建はありえないと思います。

国家が危機に直面したとき、その瞬間に、危機の大きさと真の意味を知ることは容易ではないのです。しかも、人間には「損失」「不確実」「危険」を何とか避けようとする本能というか心理があるといいます。ですから、この三つとは直面したくない、考えまいとするのが人の常です。そこでいま大事なのは、この三つから逃げ出そうとせず、起きてしまった危機を、失敗を徹底的に検証して、知恵をふりしぼって、次なる危機に備え、起きた場合にはそれを乗り切るだけの研究と才覚と覚悟とをきちんと身につけておくことです。

そのためにも、過去の戦争のときに身をもって体験し学んだ「死を鴻毛《こうもう》より軽し」とする考え方、根拠のない自己過信、無知蒙昧、逃避癖、底知れぬ無責任など、私たち日本人の愚劣さ、見たくない本質を正しく見つめ直すことが大切だと思うのです。

わたくしが忘れてしまいたい昔話を長々と語ったのは、あの戦争のあれほど多い犠牲者のためにも、「人間は歴史から何も学ばない」と簡単に諦めるわけにはいかないからです。今度こそ歴史から少しは学んでほしい。日本人がもう一度、この眼でみた悲惨を「歴史の教訓」とできるかどうか、問われていると思うのです。

あとがき

老耄のせいか過去の個人的なもろもろは朦朧となっていることが多いが、「日本近代史にみるリーダーシップ」と題して昭和史の〝失敗の本質〟をさぐる講演をはじめたのは昭和五十九年（一九八四）より前であったことはたしかである。そのときの講演のまとめがあるのでそれと知れる。生まれつき講演そのものが好きではないので、それほど回数を重ねたわけではないが、いらい同じ演題でわたくしの駄弁をお聴きになった方は日本じゅうでかなりの数にのぼるであろう。このごろは、メモを見るぐらいで一時間半の長口舌を淀みなくできるまでになっている。自慢できるような話ではないが。

本書の背景には、その講演がそっくりある。いつもは時間切れで端折《はしよ》ってしまうところをくまなく活かしてまとめてみた。四時間余のおしゃべりを四回やったのは、新書編集部の松下理香さんの慫慂による。松下さんがまさかどこかの講演会の聴衆のひとりであったわけではないと思うが、お陰でわたくしのたった一つの名講演（？）のネタが永久に失われてしまったことになる。蕪雑な話をきちんとまとめてくれたのは『聯合艦隊司令長官山本五十六』のときと同じ有能なライター石田陽子さんである。ふたりの美人に心から「ありがとう」とお礼を申し上げる。

思えば、高度成長の最盛期に、暢気にリーダーシップ論をしゃべりだしたときと違い、いまはどこを見ても明るくはない日本社会の現状がある。四半世紀を超える昔のつたない考察が、いまにそのまま通じるとは考えにくい。が、かならずしもそうとは言い切れないところもある。なぜならば、ほかの国はいざ知らず日本となれば、かつての陸海軍のありようを知ることがすなわち日本人そのものを知ることになる、と思えるからである。

陸軍の「軍人勅諭」の守るべき五つの徳目（忠節、礼儀、武勇、信義、質素）を、いやそれよりも海軍の「五省」（至誠ニ悖《もと》ルナカリシカ、言行ニ恥ヅルナカリシカ、気力ニ欠クルナカリシカ、努力ニ憾《うら》ミナカリシカ、不精ニ亘《わた》ルナカリシカ）のほうがよりいっそう、日本人の日常の行為の指針、すなわちあるべき「日本人の型」といまもなっている。大袈裟にいえば、至誠、礼儀、信義、気力、質素などは日本人の考え方や資質の根元に食い入っているだけではなく、サムライ精神というか、うるわしい日本人の品性そのものを示している。つまりは、それこそが日本型リーダーシップといえるものなのかもしれない。

そう考えれば、日本近代史から、太平洋戦争から、しかもその負の遺産から真のリーダーシップとは何かを学ぶことは、それほど愚かなことではないと思っている。

というそばからものすごく強い反省の念が湧き起こってくる。偉そうに書くわたくし自身が、かつては組織のトップにあって、役員会だの常務会だのに席をつらね、組織をよりよからんものにせんと運営にたずさわったことに思い当たらざるをえないからである。わたくしはほんとうにここに挙げた六つの条件すべてに落第の無能な経営者であった。そんなヤツがいまさらいかなるかんばせあってのリーダーシップ論かよ、と正直にいえば、自嘲汗顔でやっぱり退却したい心境に落ち込まないわけにはいかないでいる。

げに人のリーダーたるは難きかな、人に信頼の念を抱かせる人格形成は難きかな、なのである。

二〇一二年八月十五日

半藤一利

半藤一利（はんどう　かずとし）

1930年、東京都生まれ。東京大学文学部卒業後、文藝春秋入社。「週刊文春」「文藝春秋」編集長、取締役などを経て作家。主著に『日本のいちばん長い日』『漱石先生ぞな、もし』（正続、新田次郎文学賞）、『ノモンハンの夏』（山本七平賞）、『［真珠湾］の日』『聯合艦隊司令長官　山本五十六』（以上、文藝春秋）、『昭和史』（上下巻、毎日出版文化賞特別賞）、『日露戦争史　1』（以上、平凡社）、『幕末史』（新潮社）。

文春新書

880

日本型《にほんがた》リーダーはなぜ失敗《しっぱい》するのか

2012年（平成24年）10月20日　第1刷発行
2012年（平成24年）12月15日　第6刷発行

著　者　　半藤一利
発行者　　飯窪成幸
発行所　株式会社　文藝春秋

〒102-8008　東京都千代田区紀尾井町3-23
電話（03）3265-1211（代表）

印刷所　　理想社
付物印刷　大日本印刷
製本所　　大口製本

定価はカバーに表示してあります。
万一、落丁・乱丁の場合は小社製作部宛お送り下さい。
送料小社負担でお取替え致します。

ISBN978-4-16-660880-5

文春新書　半藤一利の本

日本のいちばん長い夏
半藤一利編

日本人は終戦をどう受けとめたか。政治の中枢から庶民まで、30人が一堂に会し生々しい言葉で語り合った、忘れてはいけないあの戦争

594

昭和の名将と愚将
半藤一利・保阪正康

責任感、リーダーシップ、戦略の有無、知性、人望……昭和の代表的軍人22人を俎上に載せて、敗軍の将たちの人物にあえて評価を下す

618

昭和陸海軍の失敗
半藤一利・秦　郁彦・平間洋一・保阪正康・黒野　耐・戸髙一成・戸部良一・福田和也

昭和の陸海軍の人材を語ることによって見えてくる、日本型組織の弱点!!「文藝春秋」で大反響を呼んだ話題の座談会を収録

610

零戦と戦艦大和
半藤一利・秦　郁彦・前間孝則・鎌田伸一・戸髙一成・江畑謙介・兵頭二十八・福田和也・清水政彦

当代の歴史・戦史研究者が集って、「零戦」「大和」「海軍」を論じ尽くす。現在に至るまで、日本がアメリカに勝てない理由が明らかに！

648

あの戦争になぜ負けたのか
半藤一利・保阪正康・中西輝政・戸髙一成・福田和也・加藤陽子

戦後六十余年、「あの戦争」に改めて向き合った六人の論客が、開戦から敗戦までの疑問を徹底的に掘り下げる。「文藝春秋」読者賞受賞

510

文藝春秋刊